普适地理信息服务匹配

Pervarsive Geographic Information Services Matching

王少一　著

U0250396

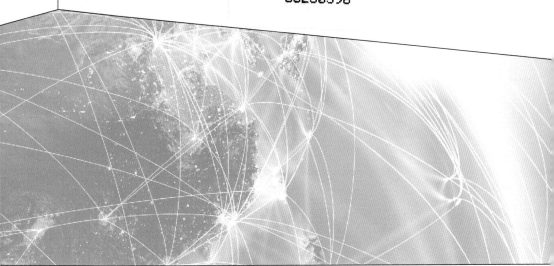

WUHAN UNIVERSITY PRESS
武汉大学出版社

图书在版编目(CIP)数据

普适地理信息服务匹配/王少一著.—武汉:武汉大学出版社,2017,4
 ISBN 978-7-307-19207-2

Ⅰ.普…　Ⅱ.王…　Ⅲ.地理信息系统　Ⅳ.P208.2

中国版本图书馆 CIP 数据核字(2017)第 076321 号

责任编辑:王金龙　　　责任校对:李孟潇　　　版式设计:马　佳

出版发行: **武汉大学出版社** 　(430072　武昌　珞珈山)
　　　　　(电子邮件:cbs22@whu.edu.cn　网址:www.wdp.com.cn)
印刷:虎彩印艺股份有限公司
开本:720×1000　1/16　　印张:11　字数:153 千字　插页:1
版次:2017 年 4 月第 1 版　　2017 年 4 月第 1 次印刷
ISBN 978-7-307-19207-2　　定价:38.00 元

前　言

人们在日常生活中所接触到的信息约有 **70%** 是地理信息，即在某个空间框架中对象的位置信息。地理信息是人类对于现实世界认识的重要组成部分，伴随着人类对客观世界改造的全过程。地理信息应用模式的变革发展与人类文明的进步密切相关，在信息时代之前，地图成为地理信息传输的主要载体，因此被称为是除了人类所共有的文字语言和音乐语言以外供人类信息交流的第三语言（Taylor，1993）。在相当长的时期内，地图是人们描绘地球表面有形或无形空间现象的唯一手段，几千年来为人们提供了地理信息的外部表达方式（Mark，1999）。伴随着计算机的发明，人类的计算能力得到了极大的提升，从此信息时代全面到来，古老的地图学与信息科学相结合，诞生了地理信息系统（Geographic Information System，GIS）技术，开拓了一种全新的地理信息应用模式。

计算技术的发展需要与之相适应的计算模式（徐光祐等，2003），反而言之，计算模式的变革可以指导计算技术的快速发展，这其中也包括了地理信息的应用模式。计算模式主要经历了三次重大的变革：主机计算模式（Mainframe Computing）、桌面计算模式（Desktop Computing）和普适计算模式（Pervasive / Ubiquitous Computing）。在主机计算模式阶段，计算机仅仅是一种科学研究的工具，而对于地理信息科学领域，研究人员大多利用计算机进行算法处理或数据作业等，计算机的功能也仅限于地理数据与信息的辅助处理手段，并不能作为一种信息传输的载体。而到了桌面计算模式阶段，伴随着网络技术、三维可视化技术、嵌入式技术等的发展，出现了以 WebGIS、三维 GIS 以及移动 GIS 等为代表的多种新兴地理信息技术，人们通过与计算机的交互，就可以方便地获取各种不同形式的地理信息，这些形式包括了传统的地图、虚拟现实、语音导航以及文字提示等。而 GIS 也逐步由信息技术发展到地图代数与空间技术的信息科学（Geographic Information Science）。

科学探索最终的落脚点是认识并掌握客观世界中各种事物的内在本质、规律以及正确利用这些规律的方法，满足人类生存生活的各种需要。桌面计算模式虽然极大地改善了人机交互环境，但它仍然是一种以计算机为中心的计算模式，随着计算机能力的不断提高和各种嵌入式设备的发展，人们越来越希望从复杂的人机交互环境中抽离，人们不需要关注计算过程，而是把注意力回归到任务本身。普适计算是一种全新计算模式，其实质是将通信和计算机构成的信息空间与人们生活和工作的物理空间融为一体，支持用户"随时随地"并"透明"地获得符合其个性化需求的信息服务。普适计算的核心是上下文计算，正如人们在其他人或周围环境进行交互时，通常会无意识地利用到诸如手势、情境、环境状况等隐含的环境状态来增加交谈的信息量一样，在人机交互过程中，也充斥着大量的隐含信息（V. Akman，1997）。笼统地说，这些显示或隐式包含在物理空间和信息空间中的各类信息都可以称为上下文。

地理信息服务为网络环境下的一组与地理信息相关的软件功能实体，通过接口暴露封闭的功能，成为继组件以后的一种新型软件实体（ISO19119，2002）。地理信息服务的出现有效地解决了地理信息领域数据共享与互操作等难题，提供了一个开放式的地理信息传输和应用环境，许多之前鉴于数据安全不能直接提供的地理数据可以通过服务封装的方式打包提供。

伴随着信息获取及处理技术的飞速发展，特别是传感器网络和移动互联技术的快速普及，越来越多的社会信息被记录下来，人们逐步进入大数据时代，大数据时代的主要特征是数据极大丰富、计算能力显著增强、人们更加渴望从各类数据中智能化地获取个性化的定制信息，网络上出现了越来越多的信息服务，用于满足各类用户的不同需求。网络上越来越多的地理信息服务给人们使用地理信息带来了更大的便利，但同时也带来了一些不便。首先，现有的地理信息服务大多是为了特定应用目的而设计，功能比较单一，服务的粒度也存在极大差别。其次，在实际的生产和生活中，人们对于地理信息的需求趋于复杂化、多样化，仅靠单个地理信息服务难以满足用户实际的需求，需要将多个地理信息服务灵活地组合起来，形成新的服务，即地理信息服务组合。

普适环境下的地理信息服务匹配与发现技术正是在这样大的背景下展开的，出发点主要有：

(1)将普适思想引入地理信息科学领域，探索一种全新的有关地理信息应用的人机交互模式，研究普适计算在地球空间信息领域的应用，既是开创性的研究课题，又具有重要的现实意义(边馥苓等，2006)；

(2)不同于信息科学其他学科领域，地理信息科学具有自身的特点，例如不确定性、海量数据等，在空间上下文的建模与推理等感知计算方面都需要寻找一种适合学科特点的方法；

(3)根据地理信息的语义结构，研究地理信息服务的语义描述、语义相似性计算以及服务的匹配与发现框架，为地理信息服务组合研究提供基础。

本书主要包括以下主要内容：

(1)概述了相关的技术背景，包括普适计算、SOA、Web 服务等技术，认为将普适思想引入地理信息科学领域，具有很高的理论和应用价值。

(2)定义了广义上空间上下文的概念，并且系统地总结和分析了地理信息服务应用涉及的空间上下文及它们之间的层次关系，回顾了上下文感知计算的概念及典型的相关研究；在简单介绍上下文建模方法的基础上，使用 OWL 本体建模语言基于地理信息本体结构提出了空间上下文信息层次化模型、空间上下文感知计算模型。该模型与地理信息服务具备统一的语义基础，并为空间上下文推理提供了形式化语义基础。

（3）贝叶斯网络有机地结合了概率论和图论，是有效的智能化不确定性推理方法，并且可以在不完备数据的条件下灵活训练网络结构和参数学习。但是，任意的贝叶斯网络的学习与推理均是 NP 完全问题，只能通过近似算法提高其效率。本书基于对联结树 JT 推理算法的改进，结合空间上下文的特点提出了部分联结树算法 PJT，实例证明，在保证推理精确度的前提下很大程度地提高了计算的效率。

（4）回顾了 ISO、OGC 组织分别提出的地理信息服务的体系结构，包括它们所遵循的规范、体系结构特点，并采用 OGC 的地理信息服务框架 OWS。针对地理信息服务粒度这一没有引起足够关注的问题，本书初步分析了地理信息服务的定义、度量标准。目前已有的地理信息服务并不具备上下文敏感性的能力，构建全新的普适地理信息服务还需要不断地积累，本书提出了一种基于事件订阅机制的地理信息服务构建方法，在对现有地理信息服务无干扰的前提下，使得它们具备了普适能力。

（5）提出了基于上下文感知的地理信息服务匹配与发现框架，包含了空间上下文管理与服务匹配引擎两个关键模块以及多级服务匹配与发现策略，该策略包括了基本描述匹配、功能匹配、约束条件匹配和空间上下文匹配四级，其中功能匹配基于本书提出的适合地理信息的语义相似性算法。

（6）构建了一个试验的原型平台，包括了空间上下文的获取、领域知识表达与描述、空间上下文的贝叶斯网络推理、上下文感知的地理信息服务构建以及多级地理信息服务匹配引擎五个核心模块，验证了框架以及主要算法的可行性。

由于编写时间和作者水平之限，全书难免存在缺点甚至错误，敬请读者批评指正。

作　者

2017 年 1 月

目　　录

第一章 概　述

　　地理信息的应用模式与计算模式的发展变革密切相关，在早期的主机计算模式(Mainframe Computing)下，计算机对于地理信息科学而言仅仅是一种计算工具，并不能作为一种地理信息传输的载体，研究人员大多利用计算机处理一个算法，或者进行一些数据作业等；到后来的桌面计算模式(Desktop Computing)下，发展出了面向不同用户、不同用途的地理信息系统(Geographic Information System，GIS)，借助于桌面操作，研究人员开始丰富的人机交互，计算机也成为一种地理信息传输的有效工具，地理信息从此走下科学的神坛，真正意义上开始为大众服务。伴随着计算机网络技术、个人智能设备技术、传感器技术的进一步发展，在人机交互过程中，计算系统可以收集到更多关于人们的情景信息，这些信息往往更有助于表达用户的真正需求。如何有效地组织和利用这些信息，促进用户物理环境和虚拟的计算环境之间的融合，正是新一代的计算模式——普适计算(Pervasive / Ubiquitous Computing)需要解决的核心问题(M. Weiser，1999)。作为信息技术在地学领域的分支和扩展，地球空间信息技术与普适计算存在着天然的联系，研究普适计算在地球空间信息领域的应用，既是开创性的研究课题，更具有重要的现实意义(边馥苓等，2006)。

　　地理信息服务技术的出现，一定程度上解决了地理信息数据共享、互操作等问题，是普适计算应用到地理信息科学领域的重要表达方式和有效载体。因此，利用空间上下文感知计算来指导地理信息服务应用是实现普适 GIS 的重要途径，是一种全新的地理信息应用模式。

本章首先从一个具体的设定场景开始，这个场景揭示了普适 GIS 发展的研究方向，它会贯穿全文辅助每一部分研究内容进行实例分析。接着概述了本书的研究意义、研究内容以及本书的组织结构安排等。

1.1 从一个典型的应用场景开始

2028 年夏天，北京大学新闻学院的大一学生王小苏同学利用暑假巡礼全国各大名校，第一站来到了武汉。她身上携带了一部通信功能的 PDA，装备了 GPS 模块，可实时确定自己具体的地理位置。

第一天晚上，王小苏同学从北京火车站上了 Z11 次火车，在火车上，PDA 手机上显示了由北京到武昌火车站路过的线路，以及停靠的车站名称和位置。

第二天早上 8:00，他从武昌火车站下车，PDA 手机上显示了武汉市的交通旅游图，地图的初始化中心是王小苏所在的位置。在这份旅游图上，重点标识出了武汉市的各个高校的位置。王小苏同学首先选择了武汉大学，PDA 智能地显示了武汉大学的简介，并且列出了几个由武昌火车站到武汉大学校门的乘车方案，包括了公交换乘、乘坐出租车等，王小苏同学选择了推荐的公交换乘方案。

上午 9:00，王小苏同学来到了武汉大学，站在校门口的同时，PDA 显示了更大比例尺的武汉大学校园旅游地图，重点标注了新闻学院等具有丰富文化内涵的建筑；上午 11 点半，王小苏同学已经沿路参观了武汉大学优美的校园风光、老图书馆、新闻学院的办公教学楼，站在奥场东侧人文馆楼前，此时已经到了午餐时间，PDA 手机上显示出武汉大学校内比较有特色的学生食堂，重点显示了距离自己最近的樱园食堂的位置以及就餐信息。

上述场景按照用户地理位置的不同，又可以分为三个小的具体场景，其中，三个场景共用的信息包括用户和此次出行的目的，如表1-1～表1-4所示：

表 1-1　　　　　　　　　　**用户及背景信息**

用户	王小苏
背景信息	北京大学大一学生；女；新闻学院相关专业；等
出行目的	高校巡礼

表 1-2　　　　　　　　　　**场景 1：Z11 次火车上**

时间	第一天晚上
地理位置	Z11 次火车
当前目标	到达武昌火车站
PDA	由北京向武昌方向出发路过的线路，以及停靠的车站名称和位置

表 1-3　　　　　　　　　　**场景 2：武昌火车站**

时间	第二天上午 8：00
地理位置	武昌火车站
用户目标	a. 确定自己的方位
	b. 查找武汉高校的位置
	c. 查询到达某一高校的乘车方案
PDA	武汉高校的位置
	到达武汉大学的公交换乘方案

表 1-4　　　　　　　　　　**场景 3：武汉大学校园**

时间	第二天上午 9：00—11：30
地理位置	武汉大学

用户目标	a. 找到武汉大学新闻学院的位置
	b. 参观武汉大学校园，以新闻学院为重点参观对象
	c. 中午11:30，获取武汉大学就餐信息
PDA	武汉大学新闻学院与樱园食堂的位置

随着网络技术和各种移动设备的出现及其计算能力的提高，地理信息正在经历着从系统(System)向服务(Service)的转变。基于PDA调用地理信息服务实现上述场景，需要用到地图查询、地图要素查询、乘车方案查询、距离计算分析等多个地理信息服务，那么在上述看似简单的智能场景中，包含了许多地理信息科学领域尚未解决的多个问题：

首先，用户王小苏仅仅向PDA输入了此行的目的，在没有作进行进一步交互的情况下，PDA如何出现一系列智能的行为？这些智能行为均是在特定的场景下依次相应出现，并非预定义。其中，包括在火车上显示小比例尺地图，在武昌火车站显示武汉市各大高校的地理位置；到了武汉大学以后，大比例尺地显示武汉大学的校园地图；到了中午用餐时间，提供最近的就餐信息等。

第二，Z11次火车、武昌火车站和武汉大学校园分别是属于三个完全不同的应用场景，地理信息服务提供商不同，所用到的地理信息以及地理信息服务具有多种异质性，包括语法和语义两个层面上的，如何解决好这些异质问题，做到应用场景之间的无缝切换？

第三，目前网络上可用的地理信息服务越来越多，例如同样可以提供乘车方案查询的服务，Google、武汉Bus、MapBar以及51地图等多个服务提供商提供了多个备选服务，如何去选择一个最适合用户的服务？

第四，PDA上显示出距离用户最近的学生食堂并提供相应的用餐信息，从技术实现角度上至少是调用了四个服务：武汉大学校园地图查询定位；学生食堂地理要素查询；距离计算分析；用餐信息查询。目前这些服务对用户是不敏感的，即无法根据服务调用的参数的不同变换输出的结果。那么，如何构建敏感的地理信息服务，针对不同的用户信息提供不同方式的地理信息表达？

上述四个问题正是本书的研究重点，总结起来，可以归结为一个大的研究课题：普适环境下的地理信息服务发现和匹配技术研究。

1.2 主要技术基础

1.2.1 普适计算与空间上下文感知

计算技术的发展需要与之相适应的计算模式（徐光祐等，2003）。普适计算是经由主机计算、桌面计算发展而来的全新计算模式，其实质是将通信和计算机构成的信息空间与人们生活和工作的物理空间融为一体，支持用户"随时随地"并"透明"地获得符合其个性化需求的信息服务。人们在日常生活中接触到的信息有 70% 以上与空间位置相关，因此，作为信息技术在地学领域的分支和扩展，地球空间信息技术与普适计算存在着天然的联系，研究普适计算在地球空间信息领域的应用，既是开创性的研究课题，更具有重要的现实意义。许多地理信息科学专家学者已经着手研究开始自适应的用户界面以及地图可视化策略。

普适计算模式最本质的特征是透明（M. Weiser，1999），这里的透明并非是物理上的完全不可见性，更主要的是用户在与计算机的交互过程是否为用户所觉察。正如人们在其他人或周围环境进行交互时，通常会无意识地利用到诸如手势、情境、环境状况等隐含的环境状态来增加交谈的信息量一样，在人机交互过程中，也充斥着大量的隐含信息，可供计算系统感知并自适应地调整系统行为，从而构建更为和谐的人机环境。笼统地说，这些充斥在人机交互过程中的隐含信息都可以称为上下文（Context）。基于对各种上下文信息的感知，实现对系统行为的调整，这个过程称为上下文感知计算(Context-Aware Computing)(A. K. Dey 等，2001)。不同领域应用所侧重的上下文类型不同，上下文感知计算的方式也存在差异。地球空间信息领域重点关注与空间位置有关的各类上下文信息，即空间上下文(Spatial Context)。

1.2.2 服务匹配与发现技术

地理信息的应用模式与 IT 技术的发展密不可分，几乎每一次 IT 技术的重要进展都带动了地理信息应用模式的重大进步。在经历了集成式、模块式、组件式的发展以后，伴随着计算机网络技术的日益成熟和 SOA 架构的出现，地理信息领域正在经历着从传统的数据紧耦合、集中、封闭的地理信息 System 向数据松耦合、分布式、开放的地理信息 Service 的重要转变(Oliver Gnther 等，1997)。

随着地理信息服务的不断发展和成熟，越来越多稳定、可靠、易用的 GI 数据服务和功能服务出现在网络上。然而，现有的地理信息服务大多是为了特定应用目的而设计，功能比较单一，服务的粒度也存在极大差别。在实际的生产和生活中，用户的需求趋于复杂化、多样化，仅靠单个地理信息服务难以满足用户实际的需求，需要将多个地理信息服务灵活地组合起来，形成新的服务，即地理信息服务组合。

服务的匹配和发现技术(J. Cardoso 等，1999)是地理信息服务组合的前提基础，它研究如何准确高效地从庞大的地理信息服务群中找到所需服务，尤其是如何从众多功能相似的服务中发现最符合要求的服务，并进一步满足自动化智能化的服务执行、组合及互操作的内在要求，是地理信息服务领域的重要研究内容和巨大挑战，具体体现在：一方面，网络上发布的服务数量很大，并且处于动态地不断调整中，随时可能被更改、删除或更新等；另一方面，当前的服务运行在各种异构的系统之上，它们由不同的服务供应商提供，采用不同的概念模型来构建服务，基于不同服务描述机制表达服务的用途。

Web Service 技术只在语法层面上限定了服务描述采用的协议，使得在服务匹配时只能采用简单的关键字搜索方法，不能满足服务匹配的需要。语义 Web(D. Kolas 等，2005)的研究目标是扩展当前的 Web，赋予 Web 中的所有信息以良好的语义，推动了 Web 页面内容的自动化和智能化搜索。利用语义 Web 的知识标记手段来描述地理信息服务的语义，使地理信息服务变成被计算机所理解的实体，可以为地理信息服务的发现、执行、解释和组合的自动化提供有效的支持，从而实现异构系统的互操作以及无缝集成。

1.2.3 基于上下文感知的地理信息服务匹配与发现技术

上下文感知旨在根据各类上下文信息及其变化动态地调整系统行为以最大化地满足用户需求。SOA 以其灵活性和互操作性等特点，被认为是实现上下文感知应用的最为理想的软件架构模式。即在进行地理信息服务匹配与发现的时候，有必要将这些用户及服务的上下文信息纳入考虑范围，并确定相应的策略来适应这些上下文特征。

目前多数基于语义的地理服务匹配的研究，重点均放在服务的语义描述、语义相似度的计算以及服务的匹配和组合算法本身，而忽略了用户以及服务的实时上下文信息，这样匹配到的地理信息服务往往不能很好地满足用户的需求。本研究中涉及的上下文主要包括两大类：一类是空间上下文(本书对用户和地理信息服务应用相关的上下文的统称)，主要包括地理位置、用户个人信息、时间、计算环境、物理环境等；另外一类是地理信息服务上下文，主要包括服务实时状态、QOS、界面风格、个性化业务等。空间上下文与地理信息服务上下文之间存在特定的逻辑推理关系，这也正是基于上下文感知进行地理信息服务匹配和组合的重要依据。

地理数据的特殊性决定了地理信息的特殊性，同时也决定了空间上下文、地理信息服务在基于上下文感知进行地理信息服务组合的过程中存在着许多地理信息领域内所独有的特点和应用方式。空间上下文的建模、推理算法，地理信息服务的语义描述、发现和匹配算法等均与计算机领域存在着较大差异性。这也正是本书选题的初衷：做好普适计算在地理信息领域的本地化引进，将普适思想更好地融入地理信息服务领域，探索新的地理信息应用模式。

第2章　地理信息服务匹配与发现

地理信息的应用模式与计算机科学(Computer Science，CS)、信息技术(Information Technology，IT)的发展密不可分，每一次 CS 与 IT 的重要进展都会推动地理信息应用模式的重大变革。在经历了集成式、模块化、组件式的发展时期以后，伴随着网络技术的日益成熟和面向服务的架构(Service-Oriented Architecture，SOA)的出现，地理信息领域正在经历着从地理信息 System 向地理信息 Service 的重要转变(Oliver Gnther，1997)。相比传统地理信息 System 的数据紧耦合、集中、封闭等不足之处，地理信息服务的提出实现了数据的松散耦合、分布式开发，一定程度上有效地解决了地理信息数据共享等问题，提供了一个开放式的地理信息传输和应用环境。

随着地理信息服务应用模式的不断发展和成熟，越来越多稳定的、可靠的、易用的地理信息数据服务和地理信息功能服务出现在网络上，替代了传统的 WebGIS。然而，现有的地理信息服务存在以下明显不足：

(1)已有地理信息服务大多是为了特定应用目的而设计开发，功能较为单一，并且地理信息服务的大小即服务粒度(Service Granularity)差异较大，不易重用和共享；

(2)在实际的生产生活中，用户的需求趋于复杂化和多样化，仅靠单一的地理信息服务往往难以满足用户的实际需求；

(3)网络上的地理信息服务越来越多，如何准确高效地从庞大的地理信息服务备选库中找到所需服务，特别是面对若干功能相似或者服务名称接近的地理信息服务中，如何选择最符合用户需求的服务，成为地理信息服务有效应用的重要前提。

2.1　Web 服务与地理信息服务

目前，各类研究中所提到的地理信息服务中的"服务"概念其实是一种狭义的服务，特指主流的 Web 服务（Web Service），这是由于 Web Service 技术具备更为完善的注册、发布和调用机制，日益成为一种通用的服务模式。本书中提到的地理信息服务同样也是基于 Web 服务技术，以下除特殊说明以外，所指的地理信息服务均是 Web 服务。

2.1.1　服务与 SOA

"服务（Service）"本身是一个自然语言的概念，"从字义上来说是履行某一项任务或是任职某种业务"，具备"为公众做事，替他人劳动"的含义（维基百科全书）。在 IT 领域，"服务"最早出现在 20 世纪 90 年代，国际标准化组织 ISO/TC211 委员会对服务的相关概念作了以下定义（ISO19119）：服务是一种表示执行任务的能力的抽象资源，是对有效的请求作出反应，可以通过一个接口来访问的操作集合，它允许用户通过触发其行为来获得响应的结果。W3C 对"服务"的定义（W3C，2004）如下：服务是一种表示执行任务的能力的抽象资源，一个服务必须被具体的提供者软件实体实现才可以被使用。

20 世纪 90 年代后期，Sun 公司首先提出了面向服务的架构（Service-Oriented Architecture，SOA），它是一种通过已发布的、可发现的接口向分布在网络上的用户应用或者其他软件系统提供服务的软件系统构建方法（M. P. Papazoglou 等，2003），其核心和基本概念是服务。SOA 中的服务是自包含的、模块化的软件实体，具有网络可寻址的粗粒度接口。服务的位置对于请求者是透明的，能够被发现并可以动态绑定。服务是松散耦合的，强调互操作，可以按照某种方式和组件、应用程序或其他服务组合。

由此可见，SOA 最重要的特征是把服务实现通过接口封装起来。服务的调用者只是把服务看做是一个完成特定功能的黑盒，而不需要关注服务自心如何通输入实现其功能。根据 W3C 的定义（W3C，2004），SOA 的基本结构由角色（Role）和操作（Application）两部分组成，其中 SOA 的基本角色包括服务请求者（Service Requester）、服务提供者（Service Provider）、服务中介（Service Broker），基本操作则包括服务发布（Publish）、服务发现（Discovery）、服务绑定（Bind），其结构图如图 2-1 所示：

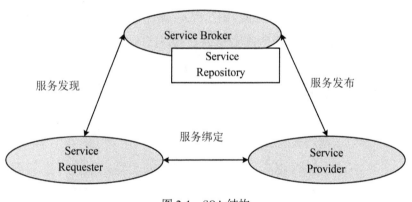

图 2-1 SOA 结构

SOA 本身是一种软件的架构方式，与之前的组件式结构（Component Based Architecture，CBA）相比具备以下优势：

（1）与 CBA 中的组件相比，SOA 中的服务更为独立和完整，在调用之前也需要很好地进行描述与发布注册；

（2）SOA 利用接口实现对内部运行机制的封装过程更为彻底。

2.1.2 Web 服务

在很多情况下，人们对于服务、Web 服务以及 SOA 三个概念的理解经常发生偏差，认为服务与 Web 服务是同一个概念，或者认为 Web 服务与 SOA 是同一种技术。这种理解都存在着一定程度的误解，其中，服务是 SOA 以及 Web 服务的一个概念基础；而 SOA，它是一种软件的架构方式，它非常适合被人们用来在 Internet 环境中进行体系结构设计和系统的构建，但它并没有限定具体的实现技术；而 Web 服务即 Web Service，它是一个独立的技术体系，包含了实现 SOA 架构所必须的服务描述、发布和调用机制的实现规范。简言之，SOA 是一个架构模式，而 Web 服务是实现 SOA 的技术方式之一，它具备了 SOA 的相应特征，同时也具备自身特有的特性。由于 Web 服务技术是目前最为成功的 SOA 实现技术，因此目前许多研究并没有详细区分两者之间的概念。

W3C 对 Web 服务的定义(W3C，2004)如下：Web Service 是由 URI 标识的软件系统，其接口和绑定可以通过 XML 进行定义，其定义可以被其他的(Web 服务)软件系统发现，这些(Web 服务)系统通过基于 Internet 的协议使用基于 XML 的消息交互。

在本书的后续讨论中，所提到的服务如无特别说明，指的都是 Web 服务，目前 GIS 领域所研究的地理信息服务，也都是基于 Web Service 技术的 Web 服务。

与 SOA 结构定义相符合，一个最基本的 Web 服务架构同样是由服务提供者、服务请求者和服务中介组成，其技术框架所涉及的技术细节包含了许多的协议和规范，但最为基础和关键的技术主要包括以下三个部分：

(1)Web 服务描述语言(Web Service Description Language，WSDL)(W3C，2001)

服务提供者通过 WSDL 集中地描述一个 Web 服务调用的相关细节

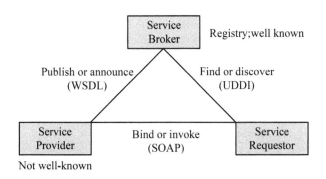

图 2-2　Web 服务结构（据 W3C，有改动）

要求，WSDL 具体包括服务的名称、前置约束条件、所遵循的协议等，它通过是一个基于 XML 的描述文档，主要包括了类型（Type）、消息（Message）、操作（Operation）、端口（Port）、服务（Service）、绑定（Binding）等几种元素，如图 2-3 所示。

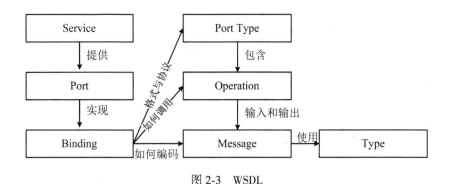

图 2-3　WSDL

WSDL 文档的实例如图 2-4 所示。

（2）统一描述、发现、集成中心（Universal Describe Discovery and Integration，UDDI）（B. Bellwood，2005）

服务提供者和服务请求者通过 UDDI 规范在服务代理中发布和发现 Web 服务，UDDI 是一套为 Web 服务提供信息注册的标准规范，其注册

```
<Definitions namespace ="命名空间" >
    <Type>XML Schema 类型定义</Type>
    <Message>消息定义</Message>
    <PortType>端口定义</PortType>
    <Operation>操作定义</Operation>
    <Binding>通信定义</Binding>
    <Service>Port列表</Service>
</Definitions>
```

图 2-4　WSDL 文档实例

中心(UDDI Registry)是一个逻辑上集中、物理上分散、由多个节点组成的注册系统。UDDI 规范所使用的数据模型也同样基于 XML，包括业务实体、业务服务、模板绑定和 TModel 四种重要的数据模型。其工作原理如图 2-5 和图 2-6 所示。

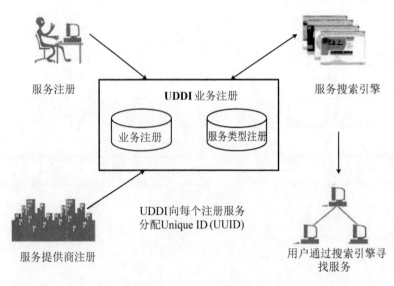

图 2-5　UDDI 工作原理

(3) 简单对象访问协议(Simple Object Access Protocol, SOAP)

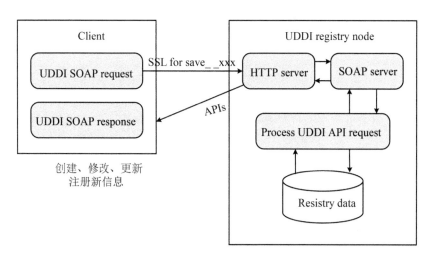

图 2-6 UDDI 消息在用户与注册中心之间的传输

（W3C，2003）

SOAP 是一种标准化的通信规范，最初 SOAP 是由微软公司在 .net 平台下倡导的一种网络消息传递机制，后来被推荐到 W3C 组织，成为 Web Service 的通信规范。最新版本的 SOAP 规范是 V1.2，根据此规范版本，一个包含了信息的标准 SOAP 的信封（Envelope）包含的要素有：SOAP 头部信息（Header）和 SOAP 主体（SOAP Body）两大部分，其中前者是一个可选要素，包含了安全、路由以及消息处理模式等相关信息；后者是必选要素，包含了需要传输的消息主体部分。

一个典型的 SOAP 请求及返回的实例如图 2-8 所示。

OGC 认为 Web Service 是一种全新的 Web 应用模式：

WebService 具有广阔的应用前景，它代表了一个具有革命性的，基于标准的结构框架，它可以让各种在线的地理数据处理系统和基于位置的服务之间无缝地集成。它可以让分布式的空间数据处理系统使用流行的网络技术，如 XML 和 HTTP 通过 Web 进行互相通信，提供了与厂商无关的，可供互操作的框架结构来对多源、异构的空间数据进行基于 Web 的数据发现、数据处理、集成、分析、决策支持和可视化表现。

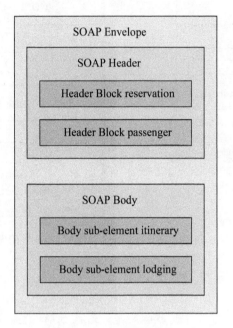

图 2-7　SOAP 要素结构

　　Web Service 是一个为空间数据处理应用建立网络连接的框架结构，或者是将空间数据处理功能与其他信息应用系统如 MIS 系统进行集成的平台。这个平台就像一个自由的市场经济。在这个市场中的所有人既可以是提供商，又可以是消费者。因此，Web Service 的提供者既可以提供空间数据处理功能的服务器，也可以是服务器的客户端。

2.1.3　地理信息服务

　　最早关于地理信息服务定义的论述由 Oliver Gunther（1997）和 Rudolf Muller（1998）提出，认为为了吸引更多潜在用户，提高 GIS 的利用率，需要建立一种面向服务的商业模式，用户通过互联网按需享受地理数据和计算服务，包括数据检索、格式转换等。陶闯等

```
<soapenv:Envelope
  xmlns:soapenv="http://schemas.xmlsoap.org/soap/envelope/"
  xmlns:xsd="http://www.w3.org/2001/XMLSchema"
  xmlns:xsi="http://www.w3.org/2001/XMLSchema-instance">
 <soapenv:Body>
  <req:echo xmlns:req="http://localhost:8080/axis2/services/MyService/">
   <req:category>classifieds</req:category>
  </req:echo>
 </soapenv:Body>
</soapenv:Envelope>
```

(a)请求

```
<soapenv:Envelope
  xmlns:soapenv="http://schemas.xmlsoap.org/soap/envelope/"
  xmlns:wsa="http://schemas.xmlsoap.org/ws/2004/08/addressing">
 <soapenv:Header>
  <wsa:ReplyTo>
   <wsa:Address>http://namespace/anonymous</wsa:Address>
  </wsa:ReplyTo>
  <wsa:From>
   <wsa:Address>http://localhost:8080/axis2/services/MyService</wsa:Address>
  </wsa:From>
  <wsa:MessageID>ECE5B3F187F29D28BC11433905662036</wsa:MessageID>
 </soapenv:Header>
 <soapenv:Body>
  <req:echo xmlns:req="http://localhost:8080/axis2/services/MyService/">
   <req:category>classifieds</req:category>
  </req:echo>
 </soapenv:Body>
</soapenv:Envelope>
```

(b)返回

图 2-8　SOAP 请求及返回实例

（2002）认为地理信息服务就是分布式的空间数据服务（Geodata Services）和地学处理服务（Geoprocessing Services）的统称。王方雄（2003）又增加了资源管理服务。江斌等（2004）将地理信息服务表示为：GIService＝Geograpihc Data＋Computer Service。随着 Web 服务技术的发展与普及，许多研究学者认为关于地理信息的 Web 服务就是地理信息服务。刘岳峰（2004）提出地理信息服务强调的是"服务"，这种服务指辅助用户进行行为决策，那么将地理信息转化为辅助用户进行行为决策的工具这一过程的所有问题都可以认为是地理信息服务需要研究的内容，并构成地理信息服务的研究框架。这些观点虽然各不相同，但也并不矛盾，分别是从架构、功能、用途等多个角度阐述了对于地理信息服务的理解。

本书采用 ISO/TC211（ISO19119，2002）的观点，认为地理信息服务为网络环境下的一组与地理信息相关的软件功能实体，通过接口暴露封闭的功能，相关概念如下：

（1）服务：由实体通过封装的接口所提供的功能；

（2）接口：表示实体行为特征的操作集；

（3）操作：对象可以被调用执行的各类规范；

（4）互操作：不同的功能单元之间以特定方式进行交互、执行程序、传输数据，而且这种方式不需要用户对它们的特性有深入了解；

（5）服务链：服务的顺序，对每一对相邻的服务，第一个服务动作的发生是第二个服务发生的必要条件。

服务、接口和操作三者之间的关系可以表示如图 2-9 所示。

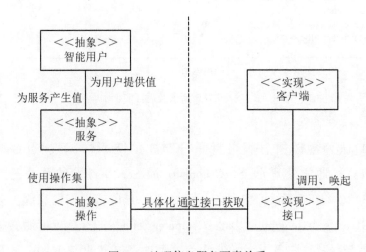

图 2-9　地理信息服务要素关系

2.2 服务匹配与发现

SOA 和 Web 服务的出现改变了用户使用计算资源的方式，人们开始通过使用服务来共享资源，既提供了服务，又有效地保护自身资源的安全。分布式地理信息的有效利用对于许多领域的规划和决策来说具有关键性的作用。为了进一步方便地获取地理信息，测绘行业正在逐步建立区—城市—国家级别的空间数据基础设施（Spatial Data Infrastructures，SDI），地理信息服务正是 SDI 的主要构成部分，它们提供了获取和处理地理数据的服务，而 SDI 提供了如何获取和使用这些服务的框架。

近年来，随着地理信息服务持续快速的增加，这些可被公共访问到的服务构成了一个潜在的标准组件库。如何在庞大的服务群中寻找到用户最需要的地理信息服务，即地理信息服务的匹配与发现是首要解决的问题。

2.2.1 服务匹配/服务发现

在大多数研究中，服务匹配（Service Matchmaking）和服务发现（Service Discovery）被当作同一个概念，并没有详细区分。但其实它们之间还是存在着细微差别的，它们是服务选择过程中两个不同的阶段：服务匹配主要针对两个来自服务请求者和提供者的描述文件，通过某种方式来判断服务双方相互满足的程度。而服务的发现过程包含着更广的过程范围，涉及了服务描述信息的组织、发布和匹配等。简而言之，服务发现是一个框架，而匹配则认为是发现过程中的一个过程，两者密切联系。一般而言，匹配的结果会影响发现的过程，而发现框架的信息组织又会反过来影响匹配的效率。

区分两者之间细微的差别，是为了更好地认识区分服务发现过程的

生命周期,主要包括:

(1)服务描述(Service Describe):服务提供者在编写好服务的实体部分以后,用特定的描述语言对其进行描述;

(2)服务发布(Service Publish):在服务的注册中心按照分类,发布服务提供者提供的描述信息;

(3)服务查询(Service Query):服务请求者通过注册中心查询是否存在合适的服务集合;

(4)服务匹配(Service Match):将服务请求者的需求与查询到的服务集合描述进行匹配,并按业务流程将服务集合中的原子服务进行匹配,并返回结果。

在服务的发现过程中,服务的描述和服务的匹配算法是两个比较关键的环节,以下两个小节分别进行详细说明。

2.2.2 服务语义描述

对于地理信息服务应用的最终目的是发现合适的服务,并对其进行组合以及调用等操作,而这些过程都需要建立在计算机充分地理解和认识备选服务的基础上。完整的服务描述应该包含以下信息:

(1)物理信息:描述服务所关联的具体软件实体的 URL 信息,服务对外提供的功能接口信息以及各自需要的输入、输出的前置和约束条件等信息。

(2)性能信息:描述服务的服务质量(QoS)等非功能性指标。例如完成服务需要的持续时间、使用服务的费用、服务级别、网络安全等信息。

(3)语义信息:描述该服务功能的语义,便于计算机理解、应用和处理,为系统中不同实体之间的交互提供共同的语义理解基础。

WSDL 和 UDDI 是目前应用较多的 Web 服务的基本描述语言,其中,WSDL 描述服务的消息结构和定义,而 UDDI 则描述发布 Web 服务的提供者、联系信息以及服务的分类信息等，它们对 Web 服务及其提供商的描述信息都仅限于语法层次。为了让计算资源能够更好地理解 Web 服务功能和提供者的描述信息，研究者们开始把语义 Web 技术引入到 Web 服务领域，提出了基于语义 Web（Semantic Web）的 Web 服务描述。具体做法是：扩展原有基于 HTML 的 Web 内容，在完善原有语法层描述的前提下赋予 Web 以语义内涵，使得计算资源可以智能化地理解 Web 中所包含的信息。

语义 Web 的实现依赖于三个关键技术：XML、RDF 和本体（Ontology），其中 XML 语言负责对 Web 信息在语法层次上的描述，它具备灵活的表达方式，可以将 Web 信息的表现形式、数据结构与内容进行分离；RDF 是一种描述 Web 上信息资源的语言，它可以看做是一种标准化的元数据语义描述规范，基于 RDF 可以建立多种元数据标准共享的框架。人们将本体从哲学引入信息科学的目的是为了实现信息的共享，从语义层次去描述领域知识、资源以及它们之间的关系等。Tim Berners-Lee(2000) 将语义 Web 的体系结构分为七个层次，如图 2-10 所示。

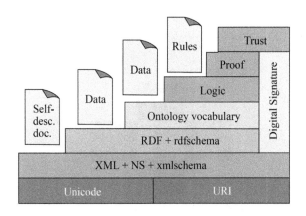

图 2-10　语义 Web 体系结构(据 Tim，2000)

不难发现，语义 Web 体系结构从语法层向语义层描述转变的根本原因是利用本体对 Web 服务进行描述。本体的描述语言有许多种，代表性的主要有 W3C 推荐的 RDF（S）（Resource Description Framework&RDF Scheme）、DAML（DARPA Agent Markup Language）、OIL（Ontology Inference Layer/Ontology Interchange Language）和 OWL（Web Ontology Language）以及后来出现的 WSMO（Web Service Modeling Ontology）等语言，目前应用最为广泛的是 OWL-S 语言，但是 WSMO 是一种非常具有应用前景的本体模型，有许多 OWL 值得借鉴的地方。因此，本书重点讨论了 WSMO 和 OWL 两种本体建模语言，考虑到与空间上下文建模的统一性以及与其他已有研究项目的通用比较性，本书在借鉴了 WSMO 的思想的基础上，采用了 OWL 语言作为地理信息服务描述语言。

1. WSMO

WSMO 是由欧洲数字企业研究实验室推出的一种 Web 服务本体模型（Dumitru Roman 等，2005；Rubén Lara 等，2004），其设计宗旨是通过 Web 服务接口对所有与服务相关的特征进行建模描述，从而实现服务的发现、筛选、组合、调整、执行和监控等。WSMO 主要包括以下四种要素，如图 2-11 所示。

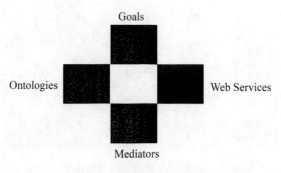

图 2-11　WSMO 体系结构

（1）本体（Ontologies）：提供描述领域内各种相关的语义工具，包括本体、本体间的概念等。

（2）服务描述（Web Services）：包含服务的功能、接口、非功能属性以及使用的协调器。

（3）需求目标（Goals）：主要描述用户所需的非功能属性需求，包括所导入的本体库，使用的协调器，所需要的 Web 服务能力、接口等内容。

（4）协调器（Mediator）：提供不同本体之间的映射关系，包括源本体描述和目标本体描述，以及将源本体转换成目标本体。

基于 WSMO 的 Web 服务描述框架如图 2-12 所示：

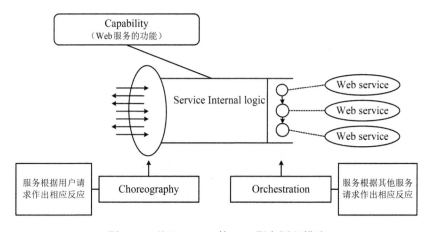

图 2-12　基于 WSMO 的 Web 服务语义描述

2. OWL-S

OWL（W3C，2004）语言是经由 RDF（S）、OIL、DAML 发展而来的本体描述语言，W3C 主要推荐使用，可以用来创建任何领域本体、本体实例化描述等。OWL 特有的推理机工具可以在协助上进行有效的逻辑推理过程。OWL-S 是法国电信、诺基亚、马里兰大学、斯坦福大学、南安普顿大学、MST 以及 SRI 等一些组织和大学实验室联合在 OWL 描述语言基础上创建的，它也是一种本体，与 OWL 不同，它是用来定义 Web 服务本体的本体。OWL-S 允许 Web 服务提供者使用 OWL，以非二义性的、计算机可识别的方式来描述 Web 服务的属性、能力和操作。

OWL-S 认为 Web 服务的信息用 Presents、Described By 和 Supports 三个属性描述。其中 Presents 是指服务为服务请求者提供了什么，Described By 描述了如何使用该服务，Supports 则描述了如何与服务进行交互。OWL-S 分别提供了 Service Profile、Service Model 和 Service Grounding 来对应这三个属性，以完成对 Web 服务语义层次的描述，如图 2-13 所示。

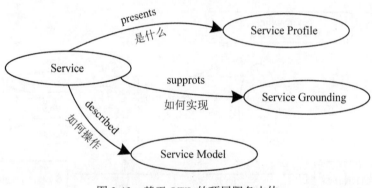

图 2-13　基于 OWL 的顶层服务本体

（1）Service Profile 描述服务的发布信息，服务请求者通过服务的基本信息来选择和定位服务，服务的基本信息里面主要包括了服务的输入、输出、前置约束和后置条件。

（2）Proccss Model 完整描述了服务的各种参数以及服务的抽象流程，抽象流程包含原子服务和复合服务两种。原子服务中的服务使用者和服务之间只有服务调用交互，而复合服务中，服务使用者和服务之间需要进行多次消息交互，包含了顺序等多种控制结构。复合服务一般借助这些控制结构来描述服务的抽象流程。

（3）Service Grounding 用来描述程序逻辑相关的传输层的各种信息，包括了服务访问、消息序列化、如何传输消息等。

综上，Service Profile 描述了 Web 服务的功能和服务质量语义，为 Web 服务发现与匹配提供了必要的基本信息；而 Process Model 和 Service Grounding 则是描述 Web 服务的参数和过程语义，三个属性描述一起为 Web 服务发现、匹配、执行以及交互提供了相应的信息。

2.2.3 服务匹配算法

按照算法基于的语法语义层次，服务匹配可以分为基于语法层的服务匹配（Crist Preist，2004）和基于语义层的服务匹配（Massimo Paolucci，2002）两大类。

其中，基于语法层次的服务匹配方式与关键词检索的方式相似，主要从语法层次上对用户需求和服务描述之间的相应关键词进行比对，优点是具有很高的效率。然而这种方法应用到服务匹配会产生语义异质性问题，大大降低了匹配的精确度：

（1）相同关键词在不同领域表达不同的意思。例如，"服务"一词在信息科学领域特指一种基于 Web 的软件类型，而在第三产业领域，"服务"的含义转变为由别人劳动所创造的便利；

（2）不同的应用领域内包含了大量的缩写词汇、特有词汇，基于语法层的匹配方式无法正常处理；

（3）摘取的关键词大多情况下并不能完全反映一段服务描述的完整意思，存在以偏概全的情况。

而基于语义层的服务匹配则通常结合领域本体的概念结构，通过计算对应概念之间的语义相似度，并且通过逻辑推理进一步地验证，结合了领域内的专家知识，有利于服务的智能化应用，因此目前大多研究的重点都是基于语义层的服务匹配方法。根据服务描述语言的不同，语义服务匹配算法又可以分为不同的几种小类，其中，以基于 OWL 的语义

服务匹配算法应用最为广泛，研究也最多，其服务匹配引擎的结构如图
2-14 所示。

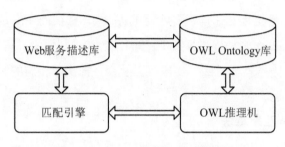

图 2-14　OWL-S 服务匹配引擎结构

　　为了进一步提高服务匹配的效率和精确程度，在备选服务群较多的
情况下，通常会采用语义匹配算法和语法匹配算法相结合的多级匹配方
式，综合利用两者的优势。首先，利用语法匹配算法的快速高效特征对
备选服务进行初步筛选，去掉那些与用户需求有明显区别的服务，缩小
服务匹配的范围；其次，利用语义匹配算法基于本体知识进一步地确定
最符合用户需求的服务。

2.2.4　服务发现框架

　　按照服务描述信息发布和服务请求者查找服务的网络位置，服务的
发现框架可以分为集中式和分布式两种。
　　集中式是指所有的服务提供者的服务描述全部集中发布在服务发布
中心，例如 UDDI。服务请求者也通过服务发布中心寻找最适合的服务，
目前大多数的服务应用中间件充当的就是类似服务发布中心代理的角
色。这种方式下，服务可以统一化管理，用户也方便寻找服务；缺点是
扩展性较差，不便于更新描述信息，并且当服务数量增多时，服务发布
中心的负载激增。
　　分布式是指服务提供者自行分布式地对服务的描述信息进行发布以

及存储管理。这种方式与集中式基本互补，最大的优势是具有很好的灵活性和扩展性，但明显的缺点是无法对服务描述信息进行统一的规范化管理，用户在请求服务的同时需要克服许多 Web 物理和逻辑的异质性，带来许多不便。

2.2.5 与服务组合之间的联系

在 Web 服务互操作技术的基础上，将多个不同业务功能的地理信息服务按照一定的业务流程逻辑组合起来，构建复杂的复合服务成为 Web 服务技术发展的自然需求，这同时正是服务组合需要解决的问题。

"服务组合"这一术语在许多文献(D. Mandell，2003；S. Narayanan，2002，等)中被反复提到，但目前并没有对于服务组合的权威定义。本书引用刘必欣(2005)给出的定义：基于面向服务的体系结构，根据特定的业务目标，将多个已经存在的服务按照其功能、语义以及它们之间的逻辑关系组装提供聚合功能的新服务的过程，是面向服务的计算范型中实现资源聚合与应用集成的主要模式。

可以看出，服务的发现和匹配是服务组合中两个重要生命周期，服务的发现匹配在服务组合过程中主要应用于两个阶段：用户匹配和服务匹配。而服务组合在服务的发现和匹配基础上，增加了服务之间组合算法以及调用等多方面的研究。

2.3 相关研究

伴随着 Web 服务、语义 Web 等技术的不断发展以及 Web 服务数量的急剧增长，服务的匹配和发现技术的研究也越来越受到学者们的关注，在计算机科学领域就 Web 服务的语义描述、服务匹配的语义算法、服务发现框架等问题展开了较为深入的研究讨论，但作为信息科学重要分支的地理信息科学在这一问题的研究还处于起步阶段，还没有形成成熟的理论体系和技术规范，仅结合地理信息学科的特点在个别问题上有所突破。

以下从 IT 领域和地理信息科学领域分别阐述服务匹配发现技术的研究进展。

2.3.1 计算机科学领域

1. DAML-S Matchmaker 项目

美国卡耐基梅隆大学的 Massimo 等（2002）研究的 DAML-S Matchmaker 项目是最为典型的服务匹配研究，这一项目为后续研究者奠定了基础。在该项目中，服务请求者与提供者采用 DAML-S（A. Ankolenkar 等，2002）分别对用户需求和服务能力进行描述，由匹配系统来对双方的服务语义描述进行匹配，确定相互满足的程度。

2. Agent Matchmaking 项目

曼彻斯特大学的 Agent Matchmaking 项目也是基于 DAML-S 描述服务，并直接对服务描述的 Profile 文件进行整体的语义匹配，不再区分文件的输入输出参数。并利用 Racer 描述逻辑推理机计算服务请求者与服务提供者之间的语义相似程度（Lei Li 等，2003）。

3. METEOR-S 项目

美国佐治亚大学 LSDIS 实验室的 METEOR-S 项目将语义 Web 技术运用在服务的标识、质量以及发现、组合过程中，并提出了语义 Web 发现框架（MWSDI Web Service Discovery Infrastructure），利用 UDDI 注册机制，提供了一种高效、可扩展的服务发布和匹配机制。

4. WSPDS 项目

WSPDS 项目（F. B. Kashani 等，2004）提出了一种基于 P2P 网络的完全分布式服务语义发现框架，试图改变 UDDI 集中式发现框架扩展性不强的缺点。

5. WebDG 项目

WebDG 项目是由密歇根大学、弗吉尼亚科技大学等合作完成的一个数字政府（Digital Government）的项目。它把 Web 服务技术引入到电子政务中去，为政府工作服务。

在技术层面，他们提出了一种服务组合规范化语言（Composite Service Specification Language，CSSL）（A. Bouguettaya 等，2004）描述服务组合过程，并把 Web 服务的发现与组合分为规范化描述、匹配、选择和调用四个阶段。在语义描述方面，功能类似的服务被划归一类，组成一个 Service Community，并利用 Category 本体提供语义匹配支持。

6. SELF_SERV 项目

新南威尔士大学的 SELF_SERV 项目实现了一个分布式的 Web 服务组合环境，利用 IBM 的 WSTK 工具实现了服务的匹配发现。

2.3.2　地理信息科学领域

相对于 IT 领域的研究进展，地理信息科学领域内关于服务匹配和发现技术的研究相对较少，处于起步阶段，还没有形成成熟的理论体系和技术规范。

OGC 首先对地理信息服务组合给出了基础性和指导性的研究，在 ISO19119 中，提出了地理信息服务组合的概念——地理信息服务链（Geospatial Service Chain），依据这一概念，当单个的服务被链接以后，就组成了一个独立的序列完成特定的组合功能。

伴随着网络技术的进一步发展和语义 Web 技术的出现，地理信息服务的语义研究被国内外研究者一致认为是地理信息服务匹配和发现的基础和关键性问题。Kuhn(2002，2003)研究了地理信息服务语义结构，试图基于本体建立语义参考系(Semenatic Reference System)快速明确语义；Lemamens(2004)在其博士论文中基于 OWL-S 和地理信息本体详细讨论了地理信息服务的语义建模问题，以及这些本体模型在 LBS 服务发现中的应用；Lutz(2004)基于本体语义讨论了地理信息服务的互操作性；Kolas(2005)提出一个地理信息服务五层本体模型，详细分析了地理信息服务的本体语义结构等。

在地理信息服务匹配和发现的框架和算法方面，Almahe(2002)对地理信息服务匹配的实现技术作了初步的研究；Lieberman(2003)指出服务组合的研究需要解决地理信息语义、服务和数据目录、服务能力描述、匹配算法等问题；L. Di(2004，2005)等提出了一个地理信息服务组合框架，以及相关的标准，需要重点研究的问题等，这些问题包括地理信息服务的匹配等；Klien(2006)以城市应急场景为例，研究了地理信息服务发现算法；Narayanan(2007)等基于 PI 演算实现了一个地理信息服务匹配发现的原型系统。

在国内，相关的研究有：武汉大学的龚健雅教授等(2003)基于工作流技术研究了半透明的地理信息服务组合；张霞博士(2004)参考 ISO、OGC 等组织的标准对地理信息服务分类体系作了详细的归纳，并提出基于不同的分类方式下的地理信息服务组合方法；蒋玲博士(2008)总结分析了基于本体的地理信息服务自动化组合的关键技术，提出一种四级匹配约束的服务发现策略；王刚博士(2008)研究探讨了 Agent 在地理信息服务中的应用，并构建了基于 OWL-S 的服务匹配器；解放军信息工程大学的王家耀院士、李宏伟博士(2007)详细讨论了地理信息本体在地理信息服务中的作用，并提出了服务发现的框架和实现策略。北京大学的邬伦教授、马修军博士(2007)研究了基于 P2P 技术的地理信息服务匹配和发现执行引擎。

2.4 基于上下文感知的地理信息服务匹配与发现面临的难题

总结目前地理信息服务匹配和发现技术，主要面临以下难题：

(1)空间上下文与地理信息服务的统一语义描述。首先，要将空间上下文纳入到地理信息服务匹配要素，用来指导后者，必须对空间上下文有效地建模，对其进行语义描述，便于地理信息服务的智能化和自动化匹配。

地理信息服务也同样需要对它进行服务的语义描述，而且相比空间上下文而言，地理信息服务需要描述的要素更多，结构更为复杂，选取一种通用的语义建模语言，有效地克服空间上下文与地理信息服务之间的语义"裂缝"，使它们在统一的语义基础上无缝拼接是一个值得重点考虑和研究的问题。

(2)地理信息服务语义近似性与匹配算法。地理信息领域具有自身独特之处，例如数据的海量性、地理信息的不确定性等，现有研究大多照搬信息技术领域服务匹配的理论方法，地理信息语义的度量方法研究较少，匹配算法不够完善等。

(3)地理信息服务粒度。服务的粒度问题关注服务的"大小"是服务最基本的属性之一，在服务匹配发现过程中也是一个值得考虑的因素，选择合适粒度的服务是匹配合适服务的基础和关键所在。

第 3 章　空间上下文感知计算

普适计算的思想最初是 M. Weiser 于 1991 年在 *Scientific American* 发表的一篇论文"The Computer for the Twenty-First Century"提出，强调通过促进"物理空间"与"信息空间"的融合，改变以计算机为中心的计算模式，让人们的注意力从计算机操作回归到任务本身，实现"以人为本"。普适计算一经提出，就受到很多学者的关注，目前在普适计算大的研究方向上，延伸出智能空间(Smart Space)、穿戴式计算(Wearable Computing)等多个自完备的方向。其中，上下文感知计算(Context-aware Computing)也是其中一个核心的子研究领域，其研究内容包括上下文的获取、建模和形式化表达、逻辑推理等(Anind K. Dey 等，1999；2000)。其最大的贡献是改进了现有的人机交互过程，计算机通过感知用户动态变化的上下文，做出相应智能化的程序处理响应(Giles John Nelson，1998)。

地理信息科学是信息科学的重要分支，人类活动大多与地理信息密切相关，因此，普适思想的引入对于地理信息科学而言具有很重要的指导意义。

3.1　上下文感知计算

3.1.1　上下文的定义

正如人们在其他人或周围环境进行交互时，通常会无意识地利用到诸如手势、情境、环境状况等隐含的环境状态来增加交谈的信息量一样，在人机交互过程中，也充斥着大量的隐含信息（V. Akman，1997；J. Bauer，2003）。笼统地说，这些显示或隐式包含在物理空间和信息空间中的各类信息都可以称之为上下文，如图 3-1 所示。

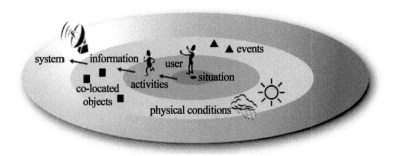

图 3-1　人们日常生活中最常接触到的上下文（Rainio，2000）

有关上下文的定义，早期的研究者大多采用枚举实例的方式进行，如 Bill Schilit 等（1994）将上下文信息分为三大类：

（1）计算上下文：如网络的连接情况、通信开销、带宽以及周边的打印机和显示器、工作站等资源；

（2）用户上下文：用户的特性、位置、附件的人员以及社会关系等；

（3）物理上下文：如光照、噪声等级、交通状况以及温度等。

Guanling Chen 等（2000）认为对于许多应用领域而言，时间同样也是一种重要和应该具备的上下文；在某些特定的应用中，需要记录某些时间段的用户和物理上下文，即上下文的历史。因此他们对于 Schilit 的归纳作了进一步的扩充，增加了以下两类：

（1）时间上下文：日期，周，月和一年中的季节等；

（2）上下文历史。

这种枚举定义的方式显然不够规范，无法准确地描述清楚上下文这一概念的内涵和外延。后来的研究者试图规范化地定义上下文，

Schmidt 等(2000)认为上下文是关于用户和 IT 设备状态的知识，包括周边相关的事物、状态、位置等。David Kotz 等(1999)认为上下文是一组决定系统行为或用户所感兴趣的环境状态，这种定义根据对系统行为的影响程度又将上下文详细区分主动上下文和被动上下文。A. K. Dey (2001)给出一个目前被广泛接受使用的定义：上下文是可以用来标识一个实体条件特征的任何信息。实体可以是人、地方或者用户和应用交互过程中相关的任何物体，包括用户和应用本身。

3.1.2 上下文感知计算

随着网络技术的不断发展以及移动传感设备的普及，用户在各种人机交互情景中的上下文信息获取越来越方便，相应地用户对于随时随地获取服务的需求也越来越强烈。简单地说，上下文感知计算是指计算系统能发现并有效利用上下文信息(用户的位置、时间、环境条件，邻近的设备和人员等)用于计算的一种计算模式。它改变了传统的 WIMP (Window，Icon，Menu，Pointing device)人机交互模式，减轻了用户的认知负担，使用户的注意力重新回归到任务本身。上下文感知计算的概念可以从以下几个方面理解：

(1)上下文是上下文感知计算的基础，上下文感知计算围绕上下文展开。上下文种类丰富，数量众多。上下文包括物理环境中实体的上下文，如用户的地理位置，也包括是信息环境中实体的上下文，如软件操作、网络等；从时间特征上看，上下文信息包括当前状态上下文、过去的历史上下文甚至是推测得到的未来状态上下文。由此可见，上下文之间存在着很大的差异性和多样性。

(2)上下文感知计算的生命周期包括上下文的感知与获取、上下文的过滤与融合、上下文的形式化表达(上下文建模)、上下文的存储、上下文的推理、上下文的有效利用等过程。

(3)上下文感知计算是以系统行为的自适应调整为最终目标。这种系统行为的调整包括三类：(G. Chen，2000；L. Capra，2001)向用户提供信息和服务、自动执行服务、标记上下文信息。

上下文感知计算自提出以来就受到了研究者们的广泛关注，但是上下文感知的服务并没有真正应用到人们的日常生活中，上下文感知计算所面临的挑战主要包括：

（1）所有设备和服务共享的统一的上下文模型（A. K. Dey，2001）。上下文共享不仅仅是同一领域范围内的共享，跨领域范围的共享更有意义。各种设备实体可以纵向地理解各个领域内的上下文。在以往的上下文感知系统中，上下文信息通常被描述为字符串或者对象，不能有效地共享知识。本体的概念源于哲学，但引入信息科学以后，在人工智能和语义 Web 等多个领域都有广泛的应用。本体通过描述某一领域特有的状态信息提供了知识表达的词汇库。许多研究把本体及其描述语言 OWL 引入普适计算中，用于上下文信息的定义和建模，原因主要在于这种方法是语义层面上的建模，并且支持上下文的推理，可以通过低层上下文获取高层上下文。

（2）一组支撑上下文获取、上下文发现、上下文建模与推理、上下文存储与有效利用等的服务。这些服务贯穿了上下文的生命周期，如图 3-2 所示，可以有效地支持各种上下文感知计算的任务。

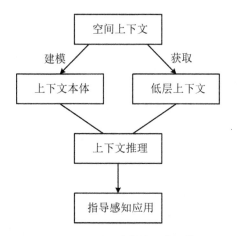

图 3-2　上下文计算的生命周期

（3）寻找一些贴近人们日常生活的上下文感知应用，使得普适计算不再停留在理论层面和实验室环境中（Kaori Fujinami，2004；Amir Padovitz，2005）。

3.1.3　相关研究与应用

早期上下文感知应用研究项目大多面向具体的应用，对于具体的应用场景具有较强的依赖性，通用性和扩展性较差。后来，研究者们开始通过提供一些基础性的工具和可重复使用的组件来支持上下文感知应用的快速构建，即面向组件的应用，最具有代表性的应用是 Context Toolkit 项目。

1. ParcTab 项目

ParcTab 项目（RoyWant 等，1995）由 Xerox PARC 于 20 世纪 90 年代初提出，主要目标是建立普适计算和上下文感知计算的实验环境。该项目利用每个实验房间内布设的独立无线基站，获取用户的位置，实现了对用户位置的敏感性应用。

2. Active Badge 项目

Active Badge 项目（A. Hopper 等，1992）则是 20 世纪 90 年代初 Olivetti 实验室提出的，通过佩戴具有可发送 IR 信号的胸章以及部署在大楼内的传感器，动态地计算出用户的位置，并将拨给用户的电话自动转接至离用户最近的分机同时通知用户。该项目是早期比较成功而且实用的项目之一。

3. Shopping Assistant 项目

由 AT&T 贝尔实验室于 1994 年提出，所提供的设备可以引导顾客自助购物，帮助寻找商品，提供商品的详细信息，并且可以对比商品的价格等。它还可以收集客户的相关信息并分类，以便于区别管理。

4. Context Toolkit

Context Toolkit 是由 A. K. Dey（2000）提出的一个系统框架项目，以为上下文感知计算应用的开发和部署提供支持作为目标。框架由上下文感知组件和支持该组件的分布式基础设施组成，其中上下文感知组件将封装上下文感知的具体细节，提供上下文感知与上下文实际使用的分离；分布式基础设施则负责收集特定对象的上下文信息、推理等。

Context Toolkit 为后期的上下文感知应用提供了重要参考，具有很高的理论和应用价值。不过 Context Toolkit 没有提供二次开发接口，还只能算作是一个初级的框架。

5. Gaia

UIUC 于 2000 年提出了 Gaia，提出了以中间件为感知应用提供中介的思想（Lynne Rosenthal，2000）。Gaia 可管理智能空间中的各类资源和服务，其结构由 3 大部分组成，分别是 Gaia 核心、Gaia 应用框架和应用（G. E. Krasner，2000）。其中，Gaia 核心由事件管理服务、上下文服务、表示服务、空间存储服务以及上下文文件系统五部分组成；应用框架则是仿照传统的模型—视图—控制器模式建立了模型—表示—控制器—协调器模式。

Gaia 更注重服务之间的交互机制，利用它用户和开发人员可以将普适计算环境抽象为简单的反馈式可编程实体，与物理环境中的一系列异质异构设备相比，这带来了极大的方便。

上述研究项目中，前三个属于早期的面向应用的项目，后两个属于面向组件的上下文感知项目。

6. Aura

CMU 的 Aura（Joao Pedro Sousa，2002；Debashis Saha，2003）是一

个内容丰富的研究项目，包括了很多独立的研究计划。它以资源和利用以及人机交互两个角度作为系统所追求的目标，它的结构主要包括 Task Manager、Context Observer、Environment Manager 和 Suppliers 四部分组成，分别负责任务的抽象定义，提供位置、行为等用户上下文，传感器等设备的注册以及提供服务等工作。

3.2 典型的空间上下文

空间上下文指的是与空间位置及其应用相关的上下文，从空间位置信息又可以引申出很多其他的上下文因素。在地球空间信息服务领域，上下文模型更多考虑的是地理环境和用户状态等信息。本书将这些上下文信息总结分类如下：

(1)地理位置：用户位置、标识位置、位置的属性信息等；

(2)用户：年龄、性别、职业、兴趣、知识构成等；

(3)时间：当前时间、过去某个时间、将来某个时间(空间信息的推演)；

(4)计算环境：用户可控的计算资源、硬件设备、网络连接情况等；

(5)物理环境：天气、光线、温度等。

以下从用户模型、设备模型与用户和环境状态模型三方面详细归类典型的空间上下文。

3.2.1 用户模型

用户模型主要包括用户背景信息、用户意图和行为以及用户认知三部分内容，如图 3-3 所示。其中，用户背景信息包括了用户的性别、年龄、国籍、种族、教育程度、专业、职业、计算机水平等基本信息，用户兴趣、用户特长、用户经验、用户操作习惯等情感信息，用户的视觉、触觉和听觉等生理背景信息。用户的背景信息是用户固有的相对静止的属性，对于同一个用户其背景信息在较长一段时间内是不会改变的。

（1）用户的年龄：不同年龄段的用户具有的视力水平不同，记忆力、理解能力也有差距。针对可能使用网络服务系统的用户可以分为：儿童、中青年和老年三类。

（2）用户的性别：不同性别的用户对界面和地图符号颜色的喜好有不同的趋向，所关心的事物也有所不同。例如男性和女性在地图色彩模型选择上的差异就十分显著。

（3）用户的文化程度：在一定程度上能够反映用户的理解能力和学习能力。按文化程度标准，用户可以分为初级、中级和高级三个类别。

（4）用户的文化背景：国籍、民族、语言、宗教信仰构成了用户的文化背景。体现为对界面使用文字要求的不同，对颜色偏好的不同，对一些特殊符号的不同理解等方面。用户界面中文字部分可以采用多语言的形式，根据用户的需要可以自由切换，界面的色调也可以根据不同地区的民族传统偏好而改变。

（5）用户的知识结构：是否具有相关的专业知识，与用户能否正确使用地图可视化系统和理解系统的可视化信息表达方式有密切的关系。依据这个因素，用户可分为具有和不具有相关专业知识两类。

（6）用户的计算机操作水平：计算机是大多数网络地图系统的硬件载体，所以用户的计算机操作水平的高低也会影响到他们对系统的使用。用户的计算机水平可以分为初级、一般、熟练三个类别。

用户通过地球空间信息服务的意图是获取以下服务：基于位置的服务，基于规划、预测和各种专题信息服务的服务和基于统计分析的服务等。用户的行为主要通过人机交互过程获取，包括与地图数据相关的交互、与数据表达相关的交互、与时间维数据相关的交互和上下文交互。用户的意图和行为具有动态变化性和不可预测性。

与地球空间信息服务相关的用户认知主要包括记忆、注意、心象（思维）和视觉认知。

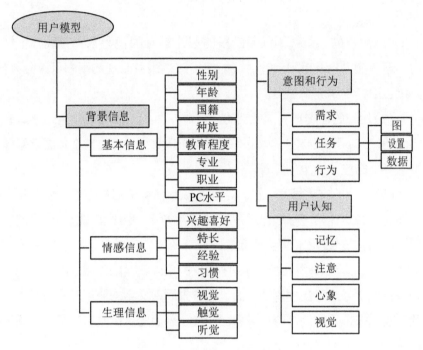

图 3-3　用户上下文分类体系

3.2.2　设备模型

设备模型主要包括硬件设备和通信条件，如图 3-4 所示。

硬件设备通常包括以下属性：屏幕大小、屏幕的分辨率、显卡性能、CPU 处理速度、存储空间大小、操作系统以及浏览器类型和版本号等。

通信条件属性有：网络环境（有线网和无线网）、网络带宽等。

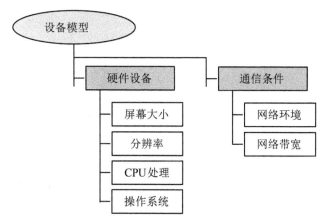

图 3-4　设备上下文分类体系

3.2.3　用户与环境状态模型

用户与环境状态模型包括用户的物理状态以及外部的自然环境和物理条件，具体包括时间、光照、天气、温度等，如图 3-5 所示。

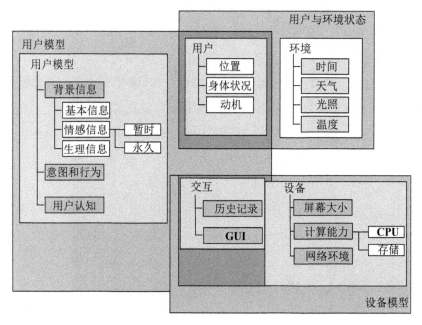

图 3-5　空间上下文的用户、设备、用户与环境状态模型

以概述中场景 2 武昌火车站为例：

所包含的各类空间上下文有：

（1）用户上下文：王小苏同学，性别女，大学本科一年级，新闻类专业，高校巡礼为出行目的等；

（2）设备上下文：PDA、3G 网络、GPS 模块等；

（3）位置上下文：武昌火车站；

（4）时间上下文：第二天早上 8 点；

（5）环境上下文：天气晴朗、人员密集等。

3.3 基于本体的空间上下文建模

3.3.1 上下文主要建模方法

目前主流的建模方法包括键值对模型、标记语言模型、图模型、面向对象模型、基于逻辑的模型以及基于本体的模型。

（1）键值对模型：键值对在操作系统领域很早就开始使用了（B. N. Schilit，1994；M. Samulowitz，2001），环境变量就是典型的键值对。早期系统常使用键值对作为上下文模型，其优点是简单，但是表达复杂上下文时显得非常繁琐，甚至不可能。ContextToolkit 使用属性组表示上下文，属性组可以认为是键值对的改进，它允许一个键可以有多个属性值。

（2）标记配置模型：标记配置模型使用具有层次结构的标记语言如 XML 或 RDF 表达上下文信息（J. Indulska，2003；A. Held，2002）。著名的 Stick-e 项目使用基于 XML 的上下文描述语言 ConteXtML 作为上下文信息交换协议。W3C 的设备能力和用户偏好描述规范 CC/PP 则使用 RDF 作为描述语言，用于表示设备的软硬件参数以及基本的用户偏好等上下文信息，为 Web 内容协商提供一个可行的解决方案。相对于键值对而言，标记配置模型可以方便且精确地描述上下文信息的类型和数据结构，缺点是标记配置模型很难定义上下文信息间的关系。

（3）图模型：由于图具有直观、表达能力强的优点，往往被用于建模。一个图模型的代表例子是 K. Henriksen（2002）等人开发的图形上下文建模语言（CML），CML 以对象-角色模型（ORM）为基础，针对上下文信息的特点做了一定的修改和扩展，并用于 PACE 中间件中。

（4）面向对象模型：面向对象方法其实是一种建模的方法，抽象和封装是手段，重用和多态是效果。上下文感知计算可以在多个层次上引入面向对象的建模方法，在项目 TEA（A. Schmidt，2001）中使用 cue（A. Schmidt，1999）作为传感器的抽象。Cue 屏蔽底层传感器的信息采集细节及原始上下文信息的处理解释过程，向上层提供更易使用和理解的接口，Confab 则在更高一层上下文信息空间（Infospace）进行抽象。信息空间是对某个实体拥有的上下文空间的抽象，负责维护实体的上下文信息，每个信息空间对外呈现三种算子：①In 算子：管理上下文信息的流入；②Out 算子：管理上下文信息的流出；③On 算子：定期执行的算子，类似守护进程；

（5）基于逻辑模型：逻辑模型往往具有很强的形式化。在基于逻辑的上下文模型中，上下文信息表达成一系列的事实、公式和规则。J. McCarthy 等（1993；1997）首先使用逻辑表达上下文信息，通常基于逻辑的系统对推理的支持多于对建模的支持。

（6）基于本体模型：在计算机领域，本体指的是共享概念模型的明确的形式化规范说明，用于描述概念以及概念间的关系。目前应用广泛的本体描述语言是 W3C 的 Web Ontology Language（OWL）。采用 OWL 进行上下文建模的代表性中间件有 Gaia、CoBrA 和 SOCAM（Panu Korpipaa，2004；Tao Gu，2004）等。值得一提的是在语义网络社区，Harry Chen 等人发起成立了普适计算特别兴趣组，目的是定义普适计算领域的标准本体（SOUPA）。目前最新的版本是 2004 年 6 月发布的，包括两部分：①SOUPA 核心：定义了普适计算领域的通用本体；②

SOUPA 扩展：定义某些特定普适计算应用场景的本体。

　　基于本体对上下文进行建模具有易于知识共享、具有更强的表达能力、支持逻辑推理、便于知识重用等优点（Shih-Chun Chou，2005；L. Fabien，2004）。然而目前基于本体的上下文本体大多针对具体的应用，缺乏通用性可扩展性，忽略了上下文信息的一些重要特征如上下文信息分类、上下文依赖关系以及上下文模型的质量，这些特征对于上下文的推理应用都很有意义等。

3.3.2　基于本体的空间上下文信息模型

　　上下文本体定义了一组共有的术语词汇，共享普适计算领域内的空间上下文信息，并且包含了计算机可以解译识别的基本概念及它们之间关系的定义。本书采用的上下文模型最大的优势是在用户上下文模型、设备上下文模型与地理信息服务建立在共同的语义基础之上，空间上下文的本体构建借鉴了地理信息领域的语义结构，可以与地理信息服务进行语义互操作。其次，该模型支持领域内的知识重用，例如一个大的本体结构就可以由若干个小的本体结构集合而成。更重要的是，这种本体模型可以借助于领域知识分析，为基于贝叶斯网络的空间上下文推理打下良好的形式化基础。

　　空间上下文本体必须具备反映空间上下文信息所有特征的能力，它应该可以适用于大多数空间上下文，由于空间上下文的种类很多，尺度差异性也很大，因此空间上下文的本体结构要具备良好的兼容性。

　　本书使用应用广泛的本体描述语言 Web Ontology Language（OWL）构建空间上下文本体模型为如下四元组的形式：Geospatial Context =（Identity；State；location；time），其中 Identity 标识上下文信息的来源，State 表示传感器信息源的状态，Location 和 Time 分别是上下文发生的地点和时间。通过这种结构，我们可以统一定义空间信息上下文信息。

　　以概述中场景 2 武昌火车站环境上下文中的天气上下文建模为例，

可以表示为（Weather；Sunny；8：00AM；Wuhan）。

3.3.3 空间上下文模型的层次化设计

在广义的地球空间信息环境中，上下文信息种类繁多，从大类上讲，包括了描述地理位置、时间、用户偏好、设备环境、服务内容和服务样式等，其中每一类上下文又可细分为若干小类，如设备环境上下文又可分为桌面式计算机和 PDA；每一小类又可再次细分为若干子类，如 PDA 按照操作系统又可分为 WM5 或者 WM6 等。这些层次和类别的区分，要依据空间上下文的本体结构。

本书将上下文本体分为顶层本体（Upper Ontology）和领域本体（Domain-Specific Ontology）两个大类，其中顶层本体是定义普适计算环境现实世界的高层次本体，而领域本体是定义某一领域场景相关概念及其属性、关系的低层次本体，如图 3-6 所示：

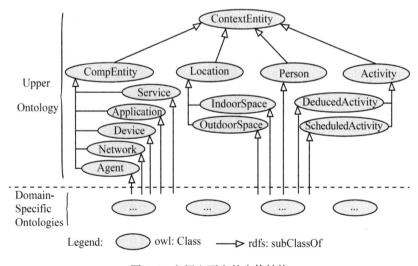

图 3-6　空间上下文的本体结构

因此，结合普适地理计算环境的特点，对应空间上下文的本体层次结构，提出了一个空间上下文本体模型的层次化设计方案。其中，层次结构中的基类和中类对应空间上下文的顶层本体和领域本体，而细类则是由领域本体内又延伸细化出来的子·领域本体，如图3-7所示。

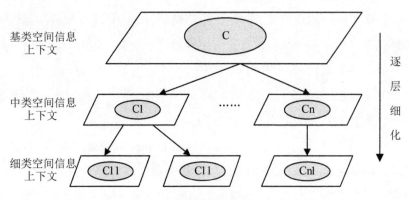

图 3-7 概念模型的层次化设计

层次化建模可以通过预先定义的接口将系统划分为若干个松耦合的模块，从而降低系统建模的复杂度和可能的风险（李蕊，2006）。主要体现在：层次结构本体设计方案减少了上下文信息的范围，使开发者能够重用上层本体域，避免重复的知识分析。另外，这种设计减少了低层子类中计算设备处理上下文的负担，尤其适合普适地理计算环境。当环境改变时，下层子域的本体可以动态地和上层本体组合构成新的环境。

3.4 空间上下文感知计算模型

空间上下文感知计算模型基于上述空间信息上下文的本体建模及层次化设计，主要包括地理空间环境、动作、传感器、上下文聚合、上下文知识库、推理引擎以及上下文查询七个模块（T. Gu，2004），如图3-8

所示。

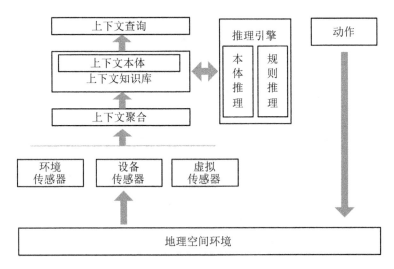

图 3-8　基于本体的地球空间信息上下文计算模型

（1）地球空间环境模块表示周围的各种地球环境信息，如地理位置、时间、用户的偏好等。这些信息以及对它们的感知较为复杂，具有动态、离散或连续，信息不完整等特点。

（2）传感器负责将地球空间环境信息映射为上下文信息，可表示为：传感器：$S \to C$，S 是地球空间环境集合，$S = \{s_1, s_2, s_3, s_4, \cdots, s_n\}$，而 C 指的是感知到的上下文信息集合 $C = \{C_i \mid \text{if } s = s_j, i \in N, j \in N, c_i \in C\}$。传感器的输入由各类硬件来实现，包括照相机、摄像头以及虚拟的传感器等，输出则是作为上下文聚合模块的输入。

（3）上下文聚合基于本体技术，主要包括上下文信息的获取、本体构建、本体集成和更新等。它的信息一部分来自于传感器模块的输出 P，另一部分则来自于上下文本体知识库中的原有信息 O。上下文聚合模块负责更新上下文本体知识库中的内容，表示为：$O \times P \to O$，其中，O 表示知识库中的元素，P 是感知到的信息集合。

（4）上下文本体知识库，存放用于推理的本体。本体的元素可以以数据库中记录的形式存放，记录对应概念，如表 3-1 中，C_1，C_2是字段，R_c 是它们之间的关系。

表 3-1　　　　　　　　　　　**本体知识库的存储**

C_1	C_2	R_c
地理位置	武汉大学	实例
设备环境	传感器	子类
用户 Marry	兴趣	属性
……	……	……

（5）推理引擎负责依据本体知识库中的语义信息进行推理，使用本体推理和规则推理两种方式，推理的结果进入上下文查询模块。OWL语言的使用提供了基于描述逻辑的推理机制。例如可用图 3-9 表示推理过程：用户王小苏现在在武汉，而武汉是中国中部的一个城市，那么推理可得用户现在在中国。

```
<owl: class rdf: id = "Location">
    <owl: Location rdf : id = "China"/>
    <owl: Location rdf : id = "Wuhan"/>
    <rdfs : subpartof rdf : resource="&China; Wuhan"/>
</owl: class>
<owl: class rdf: id = "Person">
    <owl: Person rdf : id = "Marry">
    <rdfs : location rdf : resource="Wuhan">
    <rdfs : location rdf : resource="China">
</owl: class>
```

图 3-9　OWL 推理描述实例

（6）上下文查询模块存储了本体推理得出的信息，供查询使用，以避免重复进行本体推理。通过查询得出的上下文语义信息，可以有效地辅助调用相应地球空间信息服务，组合新的服务供用户使用。

（7）用户状态、设备情况等诸多因素都会对用户上下文产生的影响，并使其发生变化。特别是，当多种因素同时发生时，这种变化就更为复杂。我们将这种变化称为动作（Action）。动作的发生改变各类上下文，并且将会影响地球空间信息服务的调用。例如，在使用空间信息服务的过程中，用户可能是持续移动的，此时用户位置的上下文也在发生变化，需要通过用户的手持设备或身上穿戴的标签跟踪人的位置。又如，当用户王小苏从武汉大学图书馆出来，走入新闻学院时，这一动作将会通过手持设备传送的信号传送至上下文聚合模块，并通过推理引擎作出相应的判断，生成新的上下文信息。使用 OWL 标记这一动作如图 3-10 所示。

```
<Person rdf: about ="#Sue">
    <locatedOut rdf: about ="#whu" />
</Person >
<Person rdf: about ="#Sue">
    <locatedIn rdf: about ="#ccnu" />
</Person >
```

图 3-10　OWL 推理描述实例

第4章 基于贝叶斯网络的空间上下文推理技术

本章分析了空间上下文的特点，指出空间上下文推理是获取高层上下文以及消除冲突的重要手段。空间上下文的推理方式可以分为确定性推理和不确定性推理两大类，结合地理信息科学以及空间上下文自身的特点，不确定性推理显然更具优势。

贝叶斯网络(Judea Pearl, 1988)是一种有效的不确定性推理手段，但贝叶斯网络的学习与推理都已经被证明是 NP 完全问题(Cao Liangyue, 1995; L. P. Maguire, 1998)，只能寻求近似推理算法，本章在简要介绍贝叶斯网络的基础上，提出了一种部分联结树的贝叶斯网络推理算法，兼顾了推理效率和精确度。

4.1 引言

4.1.1 空间上下文推理

空间上下文包含了地球空间智能计算环境中的绝大部分知识，按照采集方式的不同，可以分为低层上下文和高层上下文两大类(K. Henricksen, 2001)。一般认为，由各类传感器等方式直接获取的以及可以通过比较简单直接或仅少量运算的方式得到的上下文为低层上下文，这些上下文接近于客观存在，能够用于地球空间智能计算的信息有限；高层上下文的获取复杂得多，通常由若干低层上下文结合专家知识库等联合演绎形成，更接近于人类的思维。通过建立低层上下文和高层上下文之间的演化关系进而从低层上下文推演出高层上下文以提供更多有价值的信息是普适计算模式中的关键问题。Amir Padovitz（2005）指出，上文推理技术的问世实现了信息的演绎处理。

由此可见，上下文推理技术主要解决感知计算过程中两个方面的问题：

（1）隐含上下文的推导。有些抽象的上下文往往无法直接得到，而需要综合当前已知的上下文来判断，有的研究中也称为情景推理。

（2）冲突检测。冲突指系统中的上下文存在矛盾，如某个对象同一时间出现在不同的地点，这在现实中是不可能的，然而由于传感器采集的数据失真或者逻辑规则的缺陷却可能在系统中出现。

推理一般可以分为确定性推理和不确定性推理两种方式，确定性推理一般采用程序编码融合逻辑推理规则来实现，这种方式适合规则数量较少的推理过程。一方面，这种方式由于规则定义和推理实现的分离降低了耦合度，添加和修改规则不会影响软件实体实现；另一方面，这种方式具有很多较为成熟的逻辑模型。

然而空间信息的不确定性和复杂性决定了在空间上下文计算环境中需要一种不确定性并且可以动态变换规则的推理方式。贝叶斯网络被证明是一种有效的不确定性推理手段（R. R. Bouckaert，1990；Heckermand，1997）。本书结合空间上下文的具体特点，基于贝叶斯网络提出了一种对于空间上下文推理的算法。

4.1.2 空间上下文的特点

（1）空间上下文具有明显的层次性。如通过 GPS 信号、手机信号所在的基站号、用户的网络 IP 地址等方式获得用户所处的位置上下文，通过设备内置的时钟获得时间上下文等，这类上下文都属于低层上下文。用户所关心的高层上下文如用户当前的活动等很难直接感知。与低层上下文相比，高层上下文能提供更多对智能计算而言更直接、有效的信息。由于低层上下文和高层上下文之间常具有某种内在的联系，因此可以从低层上文推理得到用户的目标、操作习惯、偏好等高层上下文，进而对上下文加以有效利用。

（2）空间上下文非常复杂，场景多变。例如智能导航环境和智能应急环境就存在着显著的差别，不仅其所能感知的上下文的种类和数量不同，用户的行为习惯和关注点也完全不同。如导航环境下的上下文包括用户的位置、偏好、目的地、交通状况等，关注点在于如何选择最优化的路径。而应急环境下的上下文则侧重于时间、温度、光线、逃生路径的通畅性等，其目标在于评估用户所处环境条件，并为用户选择迅速脱离危险的策略。另外，用户以及智能设备的移动性进一步增加了空间上下文的复杂多变性。

（3）空间上下文存在冲突和不确定性。理想情况下，所获取的上下文应该是精确、有效、无冲突的。但实际上，由于同一上下文可以从不同的信息源通过不同的方式获取，获取上下文的时间间隔以及上下文本身的精度、可造性等限制导致获取的上下文经常发生冲突，并且存在不完整和不确定性等问题(Jason I. Hong，2002；Kaori Fujinami，2004)。

（4）空间上下文的获取和计算设备计算能力有限。在地球空间信息服务领域，手持、便携式、移动智能及嵌入式设备等已经构成了其设备主体。为了满足移动计算的需求，这些设备尺寸、存储容量和计算能力等往往受到硬件的限制。因此，进行空间上下文的计算过程中要考虑计算复杂度和可行性等问题。

针对空间上下文的上述特点，提出一种适合的推理算法是本章的主要目标。贝叶斯网络是一种基于概率的不确定性推理方法，在不确定性信息处理方面已经得到了广泛的应用，目前应用领域涵盖了专家系统（E. Bauer，1997）、决策支持（G. F. Cooper，2000）、故障诊断

（N. Friedman，1998；2003）等，体现了其独特的统计学推理优势。

接下来本书概述了贝叶斯网络的基本概念以及常用的推理方法，并在此基础上提出了一种局部联结树算法用于空间上下文的推理。

4.2　贝叶斯网络概述

4.2.1　贝叶斯网络概念

贝叶斯网络（Bayesian Networks，BN）也被称为因果概率网络（Causal Probability Networks）、概率网络（Probability Networks）、置信网络（Belief Networks），它是一个涉及统计学、图论等多个学科的交叉研究问题，本质上是一个表示变量间概率依赖关系的有向无环图。

贝叶斯网络理论的数学思想源自于 18 世纪数学家和神学家 Thomas Bayes 提出的贝叶斯公式：

设 A_1，A_2，$\cdots$，A_n 为样本空间 Ω 的一个划分，且 $P(A_i)>0(i=1,$ $2，\cdots，n)$，则对于任何一事件 B（$P(B)>0$），有以下关系：

$$P(A_j \mid B) = \frac{P(A_j)P(B \mid A_j)}{\sum\limits_{i=1}^{n} P(A_i)P(B \mid A_i)}, \quad (j = 1，2，\cdots，n) \tag{4-1}$$

在贝叶斯公式中，可以把 A_j 看做是某个假设，而 B 表示某一个影响假设成立概率的证据，那么由此公式可以计算出当加入新证据 B 的情况下，假设 A_j 成立的概率。而这一数学逻辑也正是推理所需要的思路。

在贝叶斯公式的基础上，后来的学者们把图论引入到概率理论中来，创建了用来表示变量间连接概率的图形模式——贝叶斯网络，提供了一种自然的信息表示方法，用来表达变量之间的因果关系。作为一种有向无环图，贝叶斯网络中的节点表示领域内的变量，而节点之间的边表示变量之间的条件依赖关系。因此，贝叶斯网络的定义也由网络结构和条件概率分布公式两部分组成。

定义 4.1 贝叶斯网络 它是一个二元组 $B = (B_s, B_p)$，其中 $Bs = (X, E)$ 为贝叶斯网的结构，是一个有向无环图；$X = \{X_1, X_2, \cdots, X_n\}$，表示图中的每一个节点对应的随机变量集，节点的状态对应随机变量的值，E 为有向边集，表示节点(变量)之间的条件(因果)依赖关系；$B_p = \{P(X_i \mid P_a(X_i))\}$ 表示贝叶斯网络的条件概率分布集合，每个节点都有一个条件概率表，用来表示对于其父节点集的条件概率。

对于一个有 n 个节点的贝叶斯网络，它的联合概率函数定义如下式：

$$p(X_1, X_2, \cdots, X_n) = \prod_{i=1}^{n} p(X_i \mid \pi_{x_i}) \tag{4-2}$$

如图 4-1 所示，节点 C、S、V 构建了一个简单的贝叶斯网络结构，条件概率参数如图所示，则它们的联合概率分布计算如下：

$$P(r_1, q_1, s_2) = P(q_1 \mid r_1)P(s_2 \mid r_1)P(r_1) = \frac{3}{5} \times \frac{5}{7} \times \frac{8}{15} = \frac{8}{35}$$

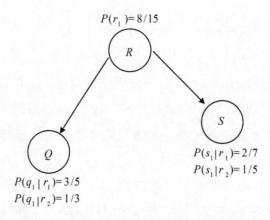

图 4-1 简单的贝叶斯网络联合概率分布计算实例

4.2.2 贝叶斯网络的特点

贝叶斯网络不同于一般的基于知识的系统，它以强有力的数学工具处理不确定性知识，以简单直观的方式解释它们；它也不同于一般的概率分析工具，它将图形和数值表示有机结合起来。其主要的特点如下：

（1）贝叶斯网络是概率理论和图论的结合（G. Cooper，1992；W. Lam，1994）。可以有效地处理人工智能中的不确定性问题。首先，图论提供了直观的界面，通过它人们可以通过人机交互将变量模型化，设计有效的算法；其次，概率理论提供了统计学和数学基础，很好地表达了科学研究中的大量不确定性现象和知识间的相互依赖关系。

（2）推理结合了先验知识（M. Singh，1995）。先验知识是人们已经认识到的自然界的现象和规律，对于新现象规律的发现具有重要的借鉴作用。特别是对于新的研究领域，在能够获取到的有价值信息有限的情况下，先验知识显得更加重要。先验知识里包括很重要的一部分，即领域专家知识，在贝叶斯网络之前，对于领域专家知识的利用总是缺乏足够的数学依据，而贝叶斯网络结构的构建过程本身就融入了大量的专家知识，这些知识可以通过概率表达式来表示。

（3）相比神经网络等"黑盒"推理方法，贝叶斯网络的推理过程可以用图形化的方式表示出来，推理的结果也更容易为人们理解接受。

（4）推理方式灵活，可以有效处理不完备数据集。在进行知识推理的过程中，往往会遇到证据不完备的情况，即用户仅知道某一个或某一部分输入条件，并且希望获得这些条件对结果的影响程度。贝叶斯网络支持任何证据节点的输入和输出，都会影响具有相互依赖关系的节点的值，影响的程度可通过推理算法获得。

4.2.3　构建贝叶斯网络

贝叶斯网络推理的前提是构建贝叶斯网络，面向特定的应用领域构建贝叶斯网络需要完成三个关键性的步骤（D. M. Chickering，2002）：

（1）寻找领域内的各种变量以及它们的可能取值；

（2）标识变量之间的相互依赖关系，并以图形化的形式表示出来；

（3）学习变量之前的概率分布参数，获取每个变量的条件概率分布表。

第一步通常是在领域专家的指导下选取合适的变量，而后两步则是目前贝叶斯网络研究较多的两个内容：贝叶斯网络的结构学习和参数学习。这三个步骤之间是顺序进行的，然而考虑到：

（1）要保证足够的精度，就需要构建一个足够丰富的网络模型；

（2）构建、维护以及推理使用的复杂性，贝叶斯网络的构造过程通常需要反复优化不断丰富，从而提高它的功能性和高效性。

一般情况下，根据贝叶斯网络结构学习、参数学习过程中专家知识的参与程度，贝叶斯网络的构造可以分为三种不同的方式：

（1）由领域专家确定贝叶斯网络的变量节点，结合领域专家知识确定贝叶斯网络的结构，并且指定它的分布参数。这种方式构造的贝叶斯网络完全基于领域专家的知识指导下进行，伴随着贝叶斯网络不断学习、不断成长的过程，会造成很大的工作量，而且相同领域不同专家构建的贝叶斯网络也会存在着比较大的偏差。

（2）由领域专家确定贝叶斯网络的变量节点，结合领域专家知识确定贝叶斯网络的结构，但是由计算机通过大量的训练数据学习的贝叶斯网络的参数。这种方式是一种折中的构建方式，一方面在领域专家的指导下构建了贝叶斯的网络结构，从大的方向上保证了贝叶斯网络的正确性；另一方面结合实际的数据训练进行参数的学习，兼顾了构建过程与实际数据的贴合性，这是目前运用较多的构建方式。

（3）由领域专家确定贝叶斯网络的变量节点，通过机器学习的方式学习大量的训练数据，获取贝叶斯网络的结构和参数。这是一种完全的数据驱动的方式，有着很强的智能性，只需要获取大量的训练数据，就可以完成对贝叶斯网络构建的大部分任务。但是任意贝叶斯网络的结构学习和参数学习本身已经被证明是一个 NP 难题，因此，这种方式在目前的技术条件和理论水平下不具有很好的学习效率和应用前景。

综上所述，贝叶斯网络的结构学习和参数学习是构建贝叶斯网络的主要任务，然而，这两个任务之间并不是完全独立的：节点的条件概率很大程度上依赖于网络的结构；而网络的结构又是直接由联合概率分布函数所决定的。将两者人为地分割开来是因为，如果贝叶斯网络结构本身比较复杂，学习参数很多，需要的数据量会呈几何级数增长，大大增加了数据存储空间以及计算过程消耗的计算资源，出现理论上可行但技术上不可行的尴尬局面。

除了一些前提和假设条件以外，贝叶斯网络的三个独立因果影响关系也可以有效避免构建过程中的复杂性计算：

（1）条件独立：每个网络节点在已知父节点的条件下独立于所有其他非子节点；

（2）上下文独立：某些变量取特定值的情况下，其余变量之间相互独立；

（3）因果影响独立：贝叶斯网络的边是有向边，它表示这样一种因果关系，即父节点对子节点有直接影响，而多个父节点对子节点的影响是因果独立的。

这三种独立关系大大简化了知识获取和建模的过程，降低了贝叶斯网络构建以及推理过程中的计算复杂性。

本书的重点在于贝叶斯网络的推理算法，而在贝叶斯网络构建方式上采取对第一种方式稍作优化，即综合多个领域专家意见分别确定贝叶斯网络的变量、结构以及依赖关系。

考虑到空间上下文的特点，在构建过程中需满足以下前提（见图 4-2）：

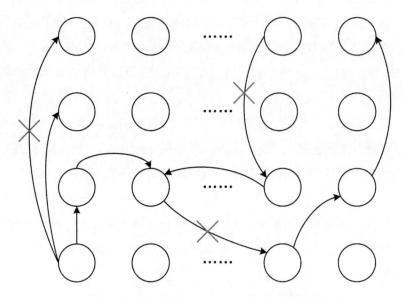

图 4-2 空间上下文贝叶斯网络构建前提示意图

前提 1：空间上下文之间具有很明显的层次性，因此组成贝叶斯网络结构的节点也按由低到高的顺序分层排列，层次越低的上下文节点越靠下，层次越高的上下文节点越靠上。

前提 2：空间上下文直接获取的是低层上下文，高层上下文需要由低层上下文推理获得，两者之间存在有向性。因此有向链接均是由低层上下文节点向高层上下文节点，反向的边不存在。

前提 3：空间上下文之间相邻的层次影响最直接，相关程度也越高；上下文的层距越大，相隔越远，低层上下文对高层上下文的影响越小，相关程度越低。因此设定层距参数 D，当相差的层数越过 D 时，忽略两个空间上下文之间的推理关系。

前提 4：相同层的上下文节点之间可以存在有向边。

4.3 一种改进的贝叶斯网络推理算法

4.3.1 贝叶斯网络推理

在构建了贝叶斯网络以后,我们可以利用贝叶斯网络结构以及节点之间的依赖关系进行贝叶斯网络推理,即通过联合概率分布方式,在给定的网络结构和已知证据节点取值的前提下,查询变量节点的后验概率 $P(Q \mid e)$。

贝叶斯网络推理的主要步骤为:

(1)确定各相邻节点之间的初始条件概率分布;

(2)证据节点取值;

(3)选择适当推理算法,对各节点的条件概率分布进行更新,最终得到推理结果。

简而言之,典型的贝叶斯网络推理就是在已知证据的前提下计算某一事件发生的概率。

任意拓扑结构的贝叶斯网络推理也被证明是一个 NP 难题,因此现有的贝叶斯网络推理算法都是局限在特定的网络结构或某些限制条件以内进行。贝叶斯网络推理算法按照推理的精确性程度分为精确推理和近似推理两种算法,其中精确推理的推理结果更为准确,但计算量较大,适合规模较小的贝叶斯网络推理,如图 4-3 所示。典型的精确推理算法包括 Polytree 算法、Junction Tree 算法以及 Naïve Baysesian 算法等。近似算法是在网络节点较多、规模较大的情况下,为了提高推理算法的效率和简单计算的工作量,牺牲了一部分的精确程度的算法,代表性的算法有随机模拟算法、Monte Carlo 算法等。在遇到不同的贝叶斯网络的时候,可以根据不同应用领域自身的特点选择使用不同的推理算法,它们之间相互独立。

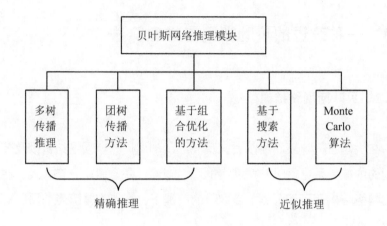

图 4-3 贝叶斯网络推理算法

4.3.2 联结树推理算法

在介绍联结树(Junction Tree,JT)推理算法之前,有必要引入三个重要的概念定义:

定义 4.2 联结树 JT = (C, S)。可见联结树是一种由贝叶斯网络转换而来的串集 C 和任意相邻串集之间的公共边集 S 组成的二元组。给定任意两个相邻串集 C_i 和 C_j,S_{ij} 是它们的相邻公共边,它们满足:

(1)C_i 与 C_j 之间的边集上所有串均包含 C_i 与 C_j 的交集;

(2)$S_{ij} = C_i \cap C_j$

定义 4.3 概率势(Baysian Probalility Potential,BPP)它是一组有关串和边的变量的联合概率分布函数。

定义 4.4 贝叶斯网络二次结构(Baysian Second Structure,BSS)它是一个关于联结树和概率势的二元组,BSS=(JT,BPP)。

基于联结树的贝叶斯网络的推理算法思想如下:由于任意贝叶斯网络推理是一个 NP 完全难题,因此考虑将贝叶斯网络转换成一种中间的二次结构 BSS，其中利用联结树表达贝叶斯网络的结构信息，而概率势表达条件依赖关系，并以联结树的精确推理代替贝叶斯网络的直接推理。

联结树推理算法详细分为三个步骤(见图 4-4)：

(1)原贝叶斯网络向联结树的转化；

(2)联结树初始化；

(3)加入证据进行推理。

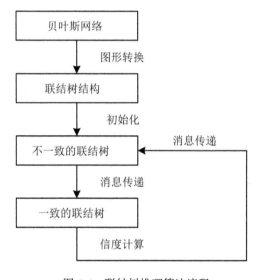

图 4-4　联结树推理算法流程

联结树的初始化是指对构建好的联结树节点赋值并且利用消息传递机制使得整个联结树结构和依赖关系稳定。接下来重点介绍贝叶斯网络向联结树的转化过程，又可以分为以下几个步骤：

(1)建立 Moral 图。找出每一个节点的父节点，并将它们之间的有向边转换成无向边。这样得到的图称为贝叶斯网络的 Moral 图，如图 4-5(a)所示。

(2)三角化 Moral 图。对于 Moral 图中每一个大于 3 的串，添加无向边将其非相邻边相连接，三角化以后的 Moral 图中的串的边数均为 3，如图4-5(c)所示。

（3）找到 Moral 图中的串，其中串是 Moral 图中最大的全连通子图。

（4）构建联结树，在找到的串中添加无向边构造联结树 JT，如图4-5(d)所示。

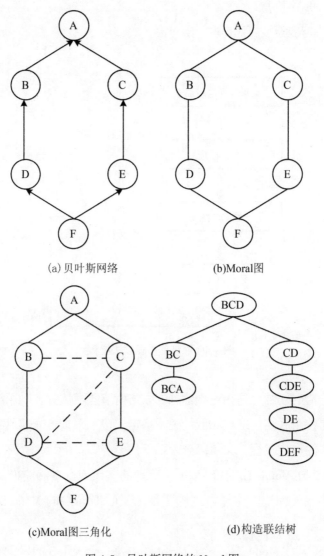

(a) 贝叶斯网络

(b)Moral图

(c)Moral图三角化

(d) 构造联结树

图 4-5　贝叶斯网络的 Moral 图

联结树算法是当前比较流行和最为广泛应用的贝叶斯网络推理算法，它最大的特点是充分利用了贝叶斯网络的条件独立性。但是由于它是一种精确性的推理算法，当贝叶斯网络规模较大的时候，计算复杂性会成几何级数增加。联结树算法的计算复杂性主要与联结树的深度（Depth）和宽度（Width）相关。

因此，本书结合空间上下文的特点，主要依据构建贝叶斯网络的前提3，即当两个空间上下文相差的层数越过阈值 D 时，忽略两个空间上下文之间的推理关系，提出一种简化的联结树推理算法——即部分联结树推理算法。

4.3.3 部分联结树推理算法

部分联结树（Partial Junction Tree，PJT）算法（以下使用缩写 PJT 表示）是联结树算法的一种变换，兼顾了联结树推理的精确性与效率，降低了对计算资源的要求。简单地说，联结树是一个贝叶斯网络结构的完整表示，而 PJT 则是贝叶斯网络中相互连接的一个子网，是贝叶斯网络结构的一部分，它是根据推理的具体需求，从贝叶斯网络对应联结树所截取出来的一个区域，而剩下的部分区域采取忽略其影响或者是由一个更为简单的结构来代替估算其影响的方式进行模拟。

1. 基于 PJT 的推理过程

PJT 的构建需要首先解决的问题有以下两个：

（1）PJT 中包含贝叶斯网络中的哪些节点？

（2）PJT 的规模有多大，其计算复杂性程度如何？

本书认为，利用 PJT 算法推理的主要过程包括：

（1）给定一个查询节点 Q，寻找与贝叶斯网络结构中与 Q 相连接的其他节点，作为 PJT 中的节点，将这些节点与它们之间的边复制组织成新的子网 W。其中，连接关系是指选取出的节点需要与查询节点或者与已选节点之间有"边"相连接。

（2）根据子网 W 中的节点构建 PJT。

（3）建立一个近似模型 M 模拟贝叶斯网络中剩余节点对子网 W 的条件依赖关系。

（4）输入证据节点的值。

（5）计算近似模型 M 对于子网 W 的影响。

（6）计算由子网 W 构建的 PJT 的结构与相关参数的新值。

其中，第二步与第六步过程中应用的有关 PJT 的构建以及计算方法与普通的联结树是相同的。

在开始进行 PJT 构建的过程之前，PJT 规模大小需要首先确定，这也是根据查询节点 Q 搜索连接节点的停止条件。PJT 大小的规模限制条件可以从两种不同的角度进行定义。第一种，限制条件可以通过计算资源的范围来定义，例如以下几种指标：

（1）PJT 包含贝叶斯网络的节点数；

（2）PJT 中包含的串数；

（3）串集的状态空间大小，如 PJT 的宽度（Width）；

（4）PJT 节点的状态空间数；

（5）PJT 计算消耗的资源，如联结树代价（Junction Tree Cost，JTC）。

本书中使用的限制条件，重点关注了子网 W 的节点最大数，这也是最为直接的限制 PJT 规模的方式，因为上述的其他四个参数在没有构建 PJT 之前是不可用的。

其次，限制条件可以通过 PJT 的精度指标来制定。作为一种近似的贝叶斯网络推理算法，PJT 具有一定的精度，随着 PJT 网络节点规模的不断缩小，其精度逐渐下降，因此，可通过划定 PJT 的精度指标，在保证其精度的范围以内，可以尽量考虑缩减 PJT 的网络规模。

2. 最优化 PJT

从保持贝叶斯网络结构所包含的信息量的角度，最优化的 PJT 是包含了贝叶斯网络中所有节点、边的联结树。然而，在保证计算效率的前提下，最优 PJT 应该是包含了这样节点的联结树，它们极大地提高了计算效率，并且最大限度地保证了计算的精度。因此，寻求一种有效的策略筛选出包含查询节点 Q 的节点集合是获得最优化的 PJT 的关键。假定 PJT 的规模限制条件为最多的节点数为 n。以下几种搜索策略可供选择：

(1)从 Q 节点开始，基于广度优先的策略筛选 n 个节点；

(2)从 Q 节点开始，基于随机策略筛选 n 个节点；

(3)从 Q 节点开始，基于边权重最优策略筛选 n 个节点。

本书拟采取边权重最优策略筛选满足条件的节点构建 PJT，以下首先引入一个概念定义。

定义 4.5 互信息量(Mutual Information，MI)它是指两个变量 V_i 与 V_j 之间依赖性的一种度量标准，由于 V_i 已知或者取值发生变化，则 V_j 不确定性的减少程度。互信息量是变量之间相关程度的一种度量方式。

$$\mathrm{MI}(X, Y) = \sum_{x, y} p(x, y) \log \frac{p(x, y)}{p(x)p(y)} = \sum_x p(x) \sum_y p(y) \log \frac{p(y \mid x)}{p(y)}$$

$$(4\text{-}3)$$

有了互信息量概念的定义，我们可以使用它来衡量节点之间边的权重关系，对于查询节点相关的节点集合 $Z_0 \to Z_1 \to Z_2 \cdots Z_m \to Q$，有向边 Z_0 到 Z_1 之间的边权重为：

$$\omega_Q(Z_0, Z_1) = \frac{\omega(Z_0, Z_1)}{p_l(Z_0, Q)} \times \frac{\omega(Z_1, Z_2)}{p_l(Z_1, Q)} \times \cdots \times \omega(Z_m, Q) \quad (4\text{-}4)$$

其中，$P_l(Z_0, Q)$ 是 Z_0 到 Q 的路径长度。

3. 关于 PJT 以外节点的影响模拟

丢弃了贝叶斯网络中 PJT 以外的节点和边虽然降低了计算量，但同时也损失了许多有用的信息，降低了推理算法的精度。因此，需要考虑一种对于这些节点、边对于查询节点 Q 产生的影响模拟的方法。由于本书使用 PJT 对空间上下文的推理，依据构建贝叶斯网络的前提 3，即当两个空间上下文相差的层数越过阈值 D 时，忽略两个空间上下文之间的推理关系，文中在构建空间上下文的 PJT 时，已经把阈值 D 考虑进节点的选择上来，因此本书忽略了 PJT 以外节点对于 PJT 的影响。

4. 面向空间上下文推理的 PJT 构建算法

（1）算法输入：

①一个由空间上下文构建的贝叶斯网络 $G = \{N_G, E_G\}$，其中，节点集合 N_G，有向边集合 E_G；

② 查询节点集合 Q_G，N_G；

③PJT 包含的核心节点数 u；

④ 搜索策略，T_1。

（2）算法输出：

一个 PJT 近似表示原有贝叶斯网络 G，包含了 u 个核心节点。

（3）算法过程：

①创建一个空的子网 $W = \{N_W, E_W\}$，$N_W = E_W =$ 空集。$N_W = \{C_W \in M_W\}$，C_W 表示的是核心节点的集合，M_W 是与之相关的马尔可夫空白节点集合。

② 将查询节点 Q_G，Q_W 添加到 C_W 中，此时，$C_W = \{Q_W\}$。

③ 将 Q_G 使用"w"加以标识，标明该节点已添加到 N_W 中。

④ 选择核心节点：

$$\text{for } i = 2;\ i <= u;\ i + +$$

a）根据策略 T_1，从 N_G 中选出与标识节点相连接的未标识的节点 X_G；

b）将节点 X_G 添加到 N_W 中；

c）使用"w"标识 X_G；

$d)i++$。

⑤ 复制有向关系边和条件概率分布

对于任意两个已作标识的节点 X_G 和 Y_G 之间的边 $E \in E_G$：

$a)$ 如果所有的父节点都被标识，直接取 X_G 的条件概率分布；

$b)$ 如果只有部分父节点被标识，需要从与未标识的父节点处取条件概率分布的平均数。

最后，将这些条件概率分布与边复制到子网中去。

⑥ 对于新构建的 PJT，使用标准的联结树算法重新进行一致性计算。

⑦ 返回 PJT。

4.4　基于 PJT 的空间上下文推理应用实例

本节以概述中的第三个场景武汉大学为例，分析场景里面包含的空间上下文，构建贝叶斯网络并模拟推理用户出行目的高层上下文的过程。

PDA 之所以出现智能的行为，在用户到达武汉大学门口以后，就显示出武汉大学校园游览图的位置，很重要的一点就是获取到了用户此次的出行目的，出行目的无法通过各类空间上下文传感器直接获得，因为它是一个高层的上下文，需要通过各类传感器获取的低层上下文推理得到。

再来回顾一下场景中存在的上下文：

（1）用户上下文：王小苏同学，性别女，大学本科一年级，新闻类专业，出行目的为高校巡礼等；

（2）设备上下文：PDA，3G 网络，GPS 模块等；

（3）位置上下文：武汉大学门口；

（4）时间上下文：第二天早上 9 点，夏天；

（5）环境上下文：天气晴朗等。

将这些上下文按照原则，可构建贝叶斯网络如图 4-6 所示，图 4-7 是实例计算过程中，以年龄作为证据节点构建的 PJT。

Matlab 提供了贝叶斯网络的构建以及推理算法的编程环境及相应的工具箱，本章针对上述空间上下文贝叶斯网络，以推理用户当前目的是否为参观作为计算目标，将上述传感器感知的空间上下文作为证据节点，分别实现了联结树推理算法和 PJT 算法，并进行了推理效率的对比，实验结果表明 PJT 算法在有限损失了精确度的情况下，大大提高了推理的效率。

计算结果如表 4-1 所示，其中，$P(\text{PJT})$ 和 $P(\text{JT})$ 分别表示 PJT 和 JT 算法得出的用户目的是参观的概率。

表 4-1　　　　　　　　　　　Q=用户目的

证据节点	$P(\text{PJT})$	效率 1/s	$P(\text{JT})$	效率 2/s	节点
周边建筑	0.5451	0.3438	0.5590	0.4689	7
年龄	0.3246	0.3520	0.3232	0.4854	12
天气	0.5684	0.3029	0.5576	0.4526	6
日期	0.2579	0.2978	0.3186	0.4497	6

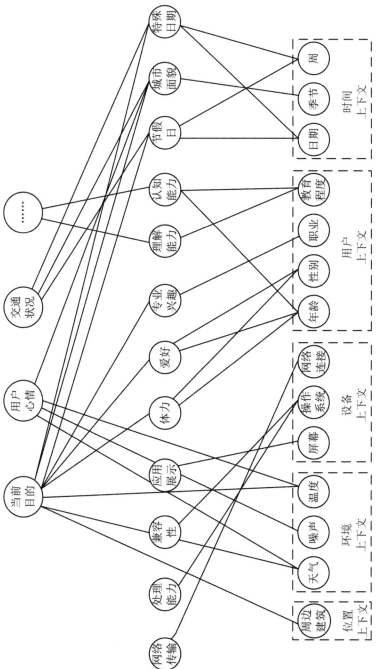

图4-6　空间上下文贝叶斯网络应用实例

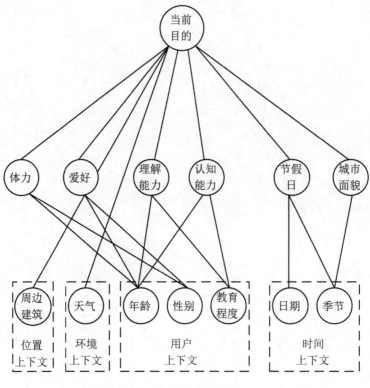

图 4-7　PJT 构建实例

第5章　上下文敏感的地理信息服务框架

　　空间上下文因素和地理信息服务，在普适计算环境下可以看做是一份合同的甲乙双方，要达成合同所约定的效果，即实现上下文感知的地理信息服务应用模式，不仅需要空间上下文的获取、建模以及推理，地理信息服务应该同样具备对空间上下文敏感的能力，即使用户的服务匹配输入相同，地理信息服务仍然可以根据不同用户之间空间上下文的差异，向用户提供不同的地理信息表达方式、空间计算的结果等。

　　如何去衡量地理信息服务的"大小"（即地理信息服务的粒度问题），是构建上下文敏感的地理信息服务框架之前需要解决的一个基础性问题，由于粒度的不同，即使相同命名的地理信息服务也会具有不同的适用范围。一个粗粒度的服务可以分解为多个细粒度的服务，不同粒度的地理信息服务在匹配过程中往往会出现异质性的问题，只有粒度相当的两个服务之间才能进行正常的匹配调用。

5.1　地理信息服务体系结构

　　地理信息服务的框架体系结构关系到地理信息服务的有效调用，具有重要的基础性意义。目前比较受到认可的主要是 ISO/TC211 提出的地理信息服务框架以及 OGC 协会提出的 OWS（OpenGIS Web Service）；它们在体系结构上有些细微的不同，但它们的目标都是要在网络环境中，用户可以对不同类别、不同格式的地理数据以及地理信息处理方法的透明访问，而不需要关注具体的数据格式、数据提供商或者是地理信息处理的算法等问题；更好地实现地理信息服务的可扩展性、开放性、互操作性等。

5.1.1　ISO/TC211 地理信息服务框架

ISO/TC211 基于 ISO 的开放分布式处理参考模型，从企业、计算、信息、工程和技术等多个角度对地理信息服务的概念作了详细的阐述，并针对地理信息服务的体系结构、服务元数据、服务分类、服务链、服务链的分类等定义了抽象的规范和模式。它提出了这样一种框架，这种框架在开放的信息技术环境中可以提供通用的接口，基于这些接口，开发者可以利用这一框架为用户建立获取和处理多源空间数据的软件实体。其框架结构如图 5-1 所示。

ISO 19119 认为，地理信息服务框架的目标应该包括以下几个方面：

(1) 为特定服务提供一个抽象的框架；

(2) 能够通过接口标准化实现服务的互操作；

(3) 支持通过元数据的定义来进行服务目录的制定；

(4) 允许数据实例和服务实例的分离；

(5) 能够使一个服务成为另一服务的数据提供者；

(6) 定义一个可以多种方式执行的抽象框架结构。

ISO 19119 将语义上相似的服务组织在一起，便于浏览和发现，地理信息服务分为以下六个大类：地理信息人机交互服务、地理信息模型/信息管理服务、地理信息工作流/任务服务、地理信息处理服务、地理信息通信服务和系统管理服务，如图 5-2 所示。

(1) 地理信息人机交互服务：管理用户界面、图形、多媒体以及混合文档的表达。

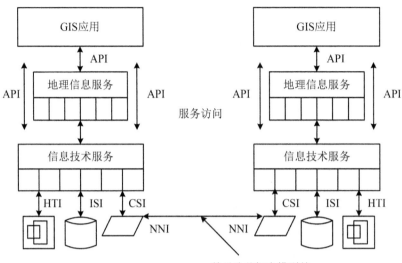

图例：
API-应用编程接口（Application Programming Interface）
HTI-人类技术接口（Human Technology Interface）
ISI-信息服务接口（Information Services Interface）
CSI-通信服务接口（Communications Services Interface）
NNI-网络与网络接口（Network to Network Interface）

图 5-1 ISO 地理信息服务框架（据 ISO 19119）

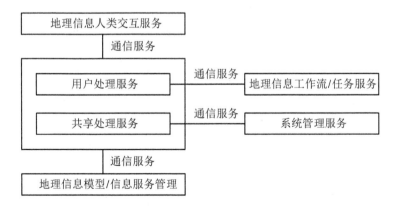

图 5-2 地理信息服务分类（据 ISO 19119）

（2）地理信息模型/信息管理服务：管理元数据、概念模式和数据集的开发、操作和存储。

（3）地理信息工作流/任务服务：支持由人引起的特定任务或与工作相关的行为。这些服务支持资源的利用和产品的开发，涉及可能由不同的人引起的行为序列或步骤。

（4）处理服务：执行涉及大量数据的大规模计算服务，例如计时服务、拼写检查服务、坐标转换服务等。但不提供数据永久存储和网络上数据的传递能力。

（5）通信服务：跨通信网络的数据编码和数据传送服务。

（6）系统管理服务：管理系统组件、应用和网络的服务，包括用户账户和存取权限的管理服务。

5.1.2　OGC 地理信息服务框架 OWS

ISO/TC211 定义的地理信息服务框架提出了地理信息服务的目标以及分类体系，但还只是处于概念层次，没有提出具体的详细的技术和规范。作为地理信息服务的积极倡导者，OGC 提出的地理信息服务框架 OWS 更具有借鉴意义。

OpenGIS(Open GeoData Inteopertation Specification)是由 OGC 提出和制定的有关地理信息数据共享与互操作的一系列规范，而 OWS (OpenGIS WebService) (OGC，2005) 框架正是将这些规范延伸到 Web Service 技术领域，实现一个遵循规范标准的，各种地理信息处理服务、数据服务以及位置服务之间可以无缝集成的框架，它提供了一个以服务（提供者）为中心的互操作框架，支持多种在线地理数据源、传感器产生的信息和地理信息处理能力的发现、访问、集成、分析、利用和可视化(Joshua，2003)。

OWS 服务框架确定了可以被任何应用程序所使用的服务、接口和交换协议。遵从 OpenGIS 规范的应用能够被无缝地集成到服务框架中。OWS 服务框架如图 5-3 所示。

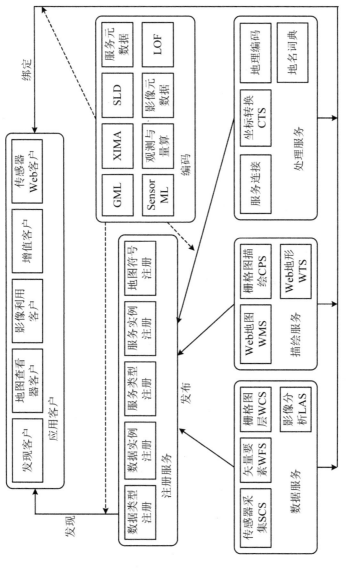

图5-3 OWS地理信息服务框架（据OGC，2000）

OWS 中的关键性部件以及主要服务如下(K. Han, 2003):

(1)服务请求者/服务提供者

服务请求者通过服务的注册信息,结合发现算法,查找地理空间服务和地理信息数据;访问地理空间应用服务和数据服务;与 Web/门户平台集成;以图形、影像或文本形式描绘地理空间信息;支持用键盘、光标或其他人机界面的用户交互。

服务器端的服务提供者应用由访问支撑的注册、处理、描绘和数据服务的用户应用逻辑(商业逻辑)组成,能通过 Web/门户服务器与客户服务(客户端应用组件)交互。

(2)服务注册

定义了 Web 资源信息的分类、注册、描述、查找、维护和访问的通用机制。Web 资源是网络可访问的数据和服务的类型和实例。注册类型包括数据类型、数据实例(如数据集、数据库、符号库)、服务类型 (如 W * S、SCS 等)和服务实例。注册服务允许资源提供者发布和请求者发现资源的类型和实例的信息。

(3)应用服务(处理服务)

提供操作/处理地理信息数据的服务和面向应用的增值服务。按顺序组合进服务的价值链执行处理,从而支持信息生产工作流和决策支持。处理服务包括服务链接服务、坐标转换服务、地理编码服务以及地理分析服务。

(4)描绘服务

描绘服务提供支持地理信息可视化的专业功能,给出单个或多个输入,能生成描绘后的输出(如各种类型的普通地图、专题地图、影像图、三维图等)。与其他服务如数据服务和处理服务实现紧耦合或松耦合,并变换、合并或创建描绘后的输出,可以按顺序组合为服务的价值链,从而用于支持信息生产工作流和决策支持。描绘服务包括 Web 地图服务(WMS)、图层描绘服务(CPS)和 Web 地形服务(WTS)。

(5)数据服务

提供基于空间数据库、文件格式等方式的地理信息数据存储、数据操作集的访问机制，数据服务资源一般按照名称(标识符、地址等)来引用。数据服务主要包括了 Web 要素服务(WFS)、Web 图层服务(WCS)、传感器采集服务(SCS)和影像档案服务(IAS)等。

5.2　地理信息服务粒度分析

地理信息服务的应用除了实现地理信息语义互操作性以外，还需要提高地理信息应用的复用性和灵活性，地理信息服务的粒度是其决定因素，在以往地理信息服务的相关研究中，对于地理信息服务粒度的关注非常少。

服务粒度比较难以准确定义，因为它直接反映了服务所执行的工作量。正如上文所述，人们总是希望使用并重用对应他们工作单元的服务处理相应的工作，这些工作单位的粒度通常比软件程序中的粒度大。

服务的粒度类似于组件的粒度。首先，细粒度的服务具有很好的重用性，但粒度过细，服务的功能性必然比较弱，会造成过多服务之间的调用和匹配组合操作，影响服务的效率；其次，粗粒度的服务功能性比较强，但是服务的重用性和灵活性较差，而且粗粒度的服务通常专一于解决特定的问题，例如，服务 HandleClaimProcess( )只能用于索赔领域，而且 IdentifyCustomer( )可以用于任何需要确定用户身份的领域。

本节从服务粒度的定义开始，初步分析了地理信息服务粒度度量依据以及设计标准。

5.2.1　服务粒度

服务粒度(Service Granularity)是指一个服务的"大小"。细粒度(Fined-Grained)的服务提供较少的功能单元，或交换少量的数据。完成复杂的业务逻辑往往需要编排大量这种细粒度的服务，通过多次的服务请求交互才能实现。相反，粗粒度(Coarse-Grained)的服务则是在一个抽象的接口中封装了大块的业务/技术能力，减少服务请求交互的次数，但相应也会带来服务实现的复杂性，交互大量的数据，并因此而不能灵活更改以适应需求的变化。一个良好的服务架构设计，必须在服务粒度设计上维护一种平衡，以获得成本降低、灵活响应的好处。服务的粒度直接影响到服务的质量，包括灵活性和效率等诸多方面。因此，选择合适的粒度对服务设计是至关重要的。

5.2.2　服务粒度的度量

从服务使用者的角度，本章借鉴组件的度量方式(Fellner, K. J.,2000；Herzum, P., 2000)将服务粒度的度量方法分为三类：数据量粒度(Data Granularity)、功能粒度(Functionality Granularity)、业务粒度(Business Value Granularity)，它们分别通过服务调用过程所交换的数据量、服务所具备的功能数量以及服务对于服务请求者的适用程度来衡量服务的粒度，如图 5-4 所示。其中，按照服务数据交换的方向，即数据是发送向服务还是由服务所返回，可以将数据量粒度进一步细分为输入数据量粒度(Input Data Granularity)和输出数据量粒度(Output Data Granularity)。服务所提供的功能有些是固定返回相同的结果，而有些则是根据接收参数的不同而返回不同的结果，据此，功能粒度又可进一步细分为默认功能粒度(Default Functionality Granularity)和参数功能粒度(Parameterised Functionality Granularity)两类。

1. 输入数据量粒度

输入数据量粒度表示在服务使用过程中，服务调用者向服务输入了多少数据量。粗粒度的服务需要多个对象作为参数；而细粒度的服务不需要或者很少对象参数。除了参数的个数，参数的数据类型对于此类粒

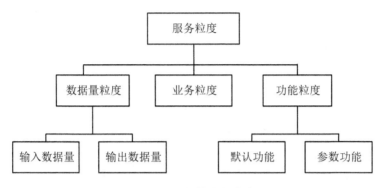

图 5-4　服务粒度的分类

度也起决定性作用。例如，空间对象类型通常比字符型的参数数据量大，因此，当作为输入参数时，相应的服务粒度前者要大于后者。一般而言，由其他多个数据元素组合而成的数据元素粒度较大，另外，由于对象类型的参数具备多个属性，每个属性是一个基本的数据类型，因此对象类型的参数粒度也较大。

【例5.1】考虑到输入数据粒度，服务 Validate Contract（Contract c）比服务 ValidateAddress（Address a）的粒度要大。

通常，构建输入数据粒度较大的服务更具优势：首先，单次传输的数据量较大，传输交互的次数相应地变少。特别对于 Web 服务，异步消息的传输需要大量的并发操作和 XML 形式的变换，从而导致服务间的频繁交互。另外，如果一个服务在同一变换中需要更新多个数据元素，最好的解决方案是输入全部的数据元素，以避免数据的多源和版本问题。特殊地，如果服务的输入数据是在调用另外服务的过程中得到的话，在输入之前，需要进行数据的有效性验证。

2. 输出数据量粒度

服务的输出数据量粒度是指服务调用以后有多少数据量最终返回给服务消费者。粗粒度的服务返回一个或多个对象，细粒度的有很少个或者无返回值。上述在输入数据量粒度部分中有关数据元素对于服务粒度的影响同样适用于输出数据量粒度。

【例5.2】考虑到输出数据量粒度，服务 Client SearchCustomer( )比服务 Date SearchBirthDate( )粒度要大。

与输入数据量粒度相同，构建较大输出数据量粒度的服务可以减少服务间交互、调用的次数。其次，大粒度的服务不会妨碍服务的重用性，服务消费者可以将多余的部分丢弃不用。虽然这样做可能会浪费一部分网络带宽资源，但不会造成其他严重的问题，特别是较大型的Web 服务应用。

有些服务的输出值是一串数据元素，这些服务的输出数据量粒度具有动态和不确定性。这种情况既增加了输入数据的数量，也降低了服务本身的易理解性。相应地，这种服务被称为多粒度服务，它可以变换成多个具备固定输出数据量粒度的服务，这些服务共同组成原始的服务。

3. 默认功能粒度

服务的默认功能粒度指服务在任何情况下默认提供的功能数量，即不能通过调整参数设置而变化的功能数量。一个执行 CRUDS(create，read，update，delete，search)功能的服务比同时执行逻辑运算的服务粒度要小。典型地，聚合了其他服务功能的服务比它的组成部分粒度要大。例如执行整个业务流程的服务比单一执行业务流程中的某个行为的服务粒度要大。

【例5.3】顾及默认功能性服务粒度，服务 HandleClaimProcess( )比服务 IdentifyCustomer( )粒度要大。

4. 参数功能粒度

服务的参数功能粒度指服务根据用户的参数输入，相应提供服务的数量。粒度较大(小)的服务提供许多(很少)的设置，方便用户通过输入参数等方式配置所需要的功能。参数的数量以及它们的数据类型都可以定义服务的粒度大小。例如，参数可以是 Boolean 类型，表示一个二进制的选择；也可以是一个结构化的文件。其他条件都相同的情况下，前者会产生一个较小参数功能粒度的服务。

【例 5.4】考虑到参数功能粒度，服务 HandleProcess（Process aProcess）比服务 WriteCredit（Boolean Validate）粒度要大。

按照参数功能粒度，大粒度服务更为通用化，因此可以用于多种场合。事实上，任何不同参数的组合都能引起服务不同的行为，因此，它具有更好的重用性。如果沿着这个推理继续走向极致（Schmelzer，2000），我们只需要构建服务 DoSomething( ) 就可完成所有的用户需求。不过这种需求尽管具有很明显的优点，最主要的缺点存在于服务的执行过程。服务的使用变得更为复杂，他们需要了解服务的参数运行搭配机制。

小粒度服务的重用性相对较差，服务消费者可以通过参数的设置来控制大粒度服务的重用性。例如，对于服务 HandleProcess（Process aProcess），如果以一个复杂的过程描述作为服务的输入，该服务具有很高的重用价值，相反如果输入仅是一个简单的仅包含有限行为的过程的话，该服务的重用价值就大打折扣。粗粒度的服务通常较少发生变化，因为这些变化可以通过配置进行调整。

5.2.3 地理信息服务粒度划分标准

地理信息服务粒度的划分标准主要关注服务的重用性、灵活性和性能。其中，服务的重用性就是服务可以应用于不同应用领域的能力，灵活性是能够根据具体的应用情景做出适当改变的能力。

1. 重用性

重用性是 SOA 的核心思想，通过服务的重用可以降低软件实体的开发和维护成本，缩短应用交付的周期，提升质量等。在服务粒度的选择上，一个设计良好的服务应该易于重用，且符合业务需求（O. Sims，2005）。

与任何基于分解的范例相一致，粒度的大小直接影响到服务的可重用性。一个简单的经验法则就是细粒度的服务更容易被重用。换句话说，就是粒度越粗，服务越少被重用或者越难以被重用。这是因为，随着粒度的增加，越来越多的业务规则和领域知识被嵌入到业务逻辑中，服务逐渐变得具有特定的业务意义。要使用它，用户必须首先了解它封装了哪些规则，否则无法确信这个服务是否用户所需要的。这并不意味着我们就不要构建粗粒度的服务，事实上粗粒度的服务往往还停留在"Business-Grained"层面（Z. Wang，2005），它让业务用户和 IT 人员可以直接对话，对业务有直接的意义，应该暴露出来。当然，服务的设计也不能仅仅机械地考虑重用性，否则会出现大量粒度很小的功能单元，这将对系统整体性能和容量带来严重的影响。

2. 灵活性

Web Service 的目标之一就是让信息技术变得更为灵活，能够更快地适应持续变化的应用领域环境。因此，作为设计良好服务的重要指标，灵活性也应该作为选择服务粒度的重要标准之一，细粒度的服务可以更容易地组装，为交付新的业务功能或改变业务流程提供了更多的灵活性（A. Erradi，2006）。但是，仅仅考虑灵活性将导致大量的细粒度的服务，带来昂贵的开发成本，并使得维护变得困难。因此，在考虑业务流程灵活性的同时，考虑后台服务的良好组织、效率和开发维护成本，对于识别和设计粒度适中的服务是至关重要的（D. Foody，2005）。

服务的设计可以遵循自顶向下的一级级流程分解的策略，直到不能或者不需要进一步分解为止，其中分解出来的功能流程就是候选的服务。对于不同的应用领域需要使用不同的分解策略，而且也不是所有的应用领域都要首先考虑灵活性。

3. 性能

灵活性和效率往往是成对出现的，性能也是限制服务粒度大小的制约性因素之一，但是并不是绝对地服务粒度越小或者越大，系统应用的性能就会一定越好。一个服务本身的复杂度以及业务到服务映射的复杂度(即实现一个应用所需的服务调用次数)是影响 Web 服务性能的两个主要方面。服务粒度越大，意味着包含的功能越多，业务逻辑越复杂，网络延迟就会增加，对客户端响应变慢。而服务粒度越小，也就意味着包含的功能越简单，虽然单个服务执行效率很高，但完成一项应用任务所需的服务调用次数越多，请求响应次数会相应增加，反而会显著提高应用的性能开销。

因此，一方面需要限制服务包含的功能范围和复杂度，即服务粒度不能太粗；另一方面需要限制服务调用的次数，即服务粒度不能太细。

5.2.4　地理信息服务粒度设计策略

综上所述，地理信息服务的粒度设计主要牵涉两个重要的概念，服务的粒度和服务的耦合性。SOA 的初衷就是为了降低系统各个部分之间的耦合性，使得服务可以重用。但很显然，耦合性是受到服务粒度很大的影响，而且从某种程度上讲，粒度的选择就决定了系统内部的耦合性。

对于不同的应用领域，自身的特点决定了服务粒度的大小；因此本书在地理信息服务粒度分解的过程中，借鉴了 SAP(Systems Applications and Products in Data Processing)的思想，按照 OGC 提出的 OWS 地理信息服务框架将地理信息服务的业务处理流程分为两大类：核心业务流程(Core Process)和应用业务流程(Application Process)。其中，应用业务流程是地理信息服务按照不同的应用领域如导航服务、交通查询服务等，它们属于不同的子应用领域，具有较大的差异性，因此需要更细粒度地分解，以获得更大的灵活性；而核心业务流程是指地理信息服务应用都需要的处理流程，包括地理信息数据操作处理，地理信息的可视化表达等，这些服务本身是各种子应用领域共同需要的，因此这些服务在分解过程中可以考虑更粗粒度的服务。

而对于应用业务流程中的服务，又可以将服务分为三种类型：基本服务、组合服务、合成服务。而核心业务流程中的服务直接作为基本服务。

(1)基本服务是地理信息应用领域具备最小功能单位，也是最小粒度的服务，或者说是原子服务。这类服务考虑的是利用它们的可重用性，它们是组成一些较大粒度的服务的基础。

(2)合成服务是基本服务简单的组合，只是为了把具有相同功能但操作不同的功能单元的基本服务组合到一起，形成一个对外提供相同功能的服务。它类似设计模式里面的工厂模式，只要告诉服务接口传进来的是哪一个业务对象，那么服务就能自动识别应该调用哪一个基本服务。

(3)组合服务是系统里面最复杂的部分，它不是基本服务的简单堆积到一块，而是由地理信息应用过程中按照工作流的方式对若干基本服务有机组合。它是具有最大粒度的一类服务。

基于上面的理解，本书的服务粒度设计遵循这样的设计思路：

(1)按照 OWS 框架规范，首先区分核心业务流程和应用业务流程，其中核心业务流程所包含的地理信息服务直接作为基本服务(原子服务)；

(2)从应用业务流程中的功能处理模块中分离出基本服务：各个功能模块可以看成是合成服务，由功能模块分离出来的就是基本服务；

(3)根据不同的应用，基于基本服务组成合成服务；

(4)在基本服务的基础上设计组件和业务流程对象；设计完组件和业务对象之后再来设计组合服务。这样不管组合服务需要多少，组合服务多复杂，都可以通过基本服务和工作流程进行各种形式组合起来。

这样的设计思路也体现了 SOA 的自顶向下的设计方法：功能模块→服务→组件和业务对象，再由基础到合成、组合。服务不是凭空想象出来的，它必须要满足客户的需求，而客户需求的体现就是系统要提供的功能，所以功能模块的设计是服务设计的前提。

5.3 适应典型上下文因素的地理信息服务

地理信息服务以多种形式提供用户所需要的各种空间信息，形式上包括地图、手机短信、语音导航等。但最重要的还是依托于地图形式的空间信息传输与推送。因此，本书将重点放在了适宜上下文因素的地理信息服务在地图形式上的应用(见图 5-5)。

5.3.1 服务内容

服务内容涉及选取何种的地图数据，包括了数据内容、数据形式、数据组织、数据管理(王家耀等，2006)等。

(1)在地图数据内容方面，首先要保证数据存储内容的极大丰富，以适应用户多样化的需求；另一方面也要适应用户的个性化需求，针对不同的用户智能化地选取相应的地图数据。从宏观层次上包括旅游、交通、规划等内容，从微观层次上包括各种自然要素(如地貌、土质、植被、道路、河流、居民地等)和社会经济要素(如人口、财政、教育、医疗卫生等)。

(2)数据形式主要有矢量和栅格两种形式。矢量数据是空间信息基础设施建设的主要形式。目前，地图矢量数据具有编码方式多样性、用途多样性等特点。地理信息服务对于地图数据格式的选取需遵循精简化(减小数据量，以便数据的快速检索、传输)、开放性(易于扩展和更新)、互操作性(数据标准化以进行不同格式数据的转化而实现数据的

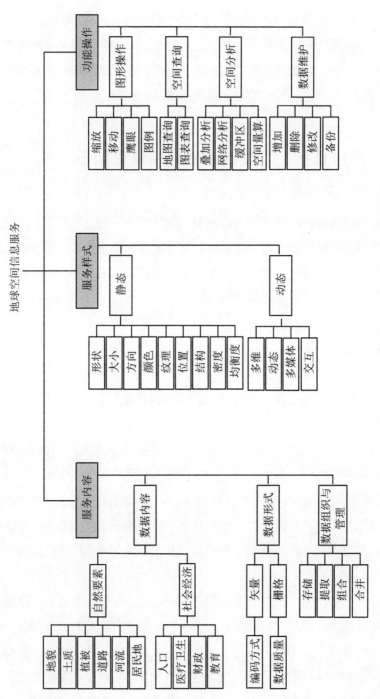

图5-5　地理信息服务要素（以地图作为地理信息表达方式为例）

共享)的原则。

(3)数据的组织和管理。空间数据通常是海量的,并且按照要素的类别分层存储,地理信息服务涉及对这些海量数据的有效组织和管理,包括对数据的提取、分割、合并、聚合、变换、多尺度处理以及层次化组合等。

5.3.2 符号表达样式

地图符号包含了大量的空间信息,也是地理信息服务重要的表达和信息传输手段(祝国瑞,2004)。地图符号是空间信息可视化表达的基本单位,按照几何形状可分为点状符号、线状符号、面状符号、体积符号以及组合符号。传统的地图符号以纸张为载体,大多为静态符号。而伴随着计算机技术的发展,电子地图符号的表现形式得以不断丰富扩充,具有多维性、交互性、动态性、多媒体和虚拟现实等特性。

作为图形符号的地图符号主要通过视觉变量进行描述,视觉变量指的是图形符号之间具有的可引起视觉差别的图形或色彩因素的变化。地图符号的静态视觉变量应包括形状、大小、方向、颜色、纹理、位置、结构、密度、均衡度9个变量。

(1)形状:主要用于描述简单符号的基本图元。

(2)大小:对于点状符号主要是直径、边长;对于线状要素主要是线宽;面状要素主要是面积等。

(3)方向:主要用来描述符号在基本方向上旋转的角度或者走向和朝向。

(4)颜色:屏幕颜色可以通过多种色彩空间进行表述,计算机丰富的色彩机制中最符合人类视觉特性的描述空间是色相(色调)、明度(亮度)和饱和度色彩空间。

(5)纹理:主要针对面状要素,指填充面状要素表面的图形或图片单元。

（6）位置：表明该符号方位的坐标对或坐标串，可以是屏幕坐标也可以是地理坐标。

（7）结构：主要是针对复合符号，指构成符号的各个组成部分的视觉变量和整个符号构成的视觉变量描述。

（8）密度：是对一组符号在一定范围内分布的疏密程度的描述。

（9）均衡度：是一定图幅内符号分布均匀度的描述。

符号使用不同的视觉变量实现不同的感受效果。获得地理信息服务时可获得整体感、差异感、等级感、数量感、质量感、动态感和立体感等不同的感受效果（陈毓芬，2000，2001）。整体感主要依靠符号之间不存在明显差异而形成；差异感是由不同组成要素在图形间产生明显区别而形成的；立体感主要是利用透视的方法，通过改变符号的大小、颜色的亮度来实现的。

5.3.3　功能操作

常见的 GIS 功能操作大体上分为地图图形操作、空间信息查询操作、基于空间数据的统计操作、空间分析操作等。

地图图形操作主要包括了对于地图的放大、缩小、移动、鹰眼图、图例、图表等。

空间信息查询按照查询的形式分为地图查询、图表查询，也可以按照行政区域进行查询。

基于空间数据的统计主要指基于各种统计模型，以图表的形式列出，并提供统计结果的输出打印等。

空间分析包括关系查询、空间量算、缓冲区分析、叠加分析、网络分析等，可为多领域提供决策辅助手段，也正是 GIS 得以广泛应用的重要技术支撑之一。

5.4 上下文敏感的地理信息服务

本节以图的形式分别表示了用户模型、环境条件、用户设备等与地理信息服务要素之间的敏感性关系。其中，线型的宽度用以区分用户上下文与地理信息服务要素的相关程度，线型越宽，表示相关程度越大，按照相关程度分为三个级别。

5.4.1 用户模型与地理信息服务

用户模型主要包括背景信息、意图和行为、用户认知三部分上下文，如图 5-6 和图 5-7 所示。

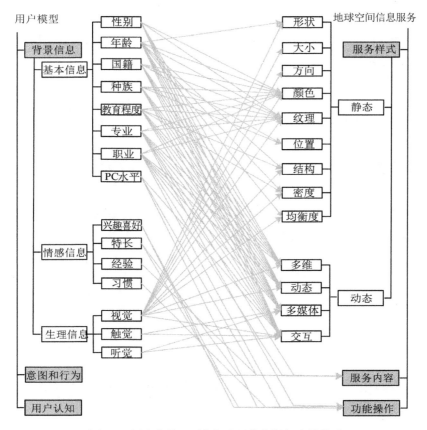

图 5-6　用户背景上下文与地理信息服务映射关系

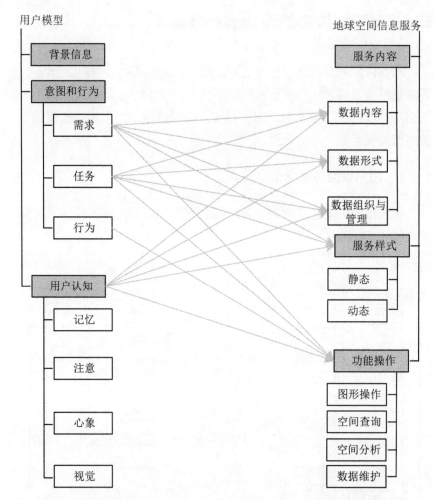

图 5-7　用户意图和行为上下文、用户认知上下文与地理信息服务映射关系

5.4.2　环境条件与地理信息服务

环境条件与地理信息服务的映射关系如图 5-8 所示。

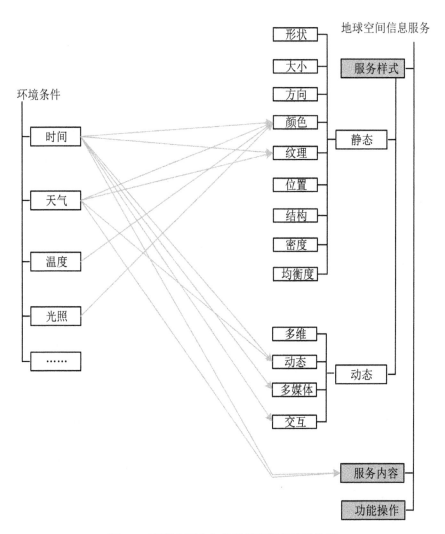

图 5-8 环境上下文与地理信息服务映射关系

5.4.3 用户设备与地理信息服务

用户设备与地理信息服务的映射关系如图 5-9 所示。

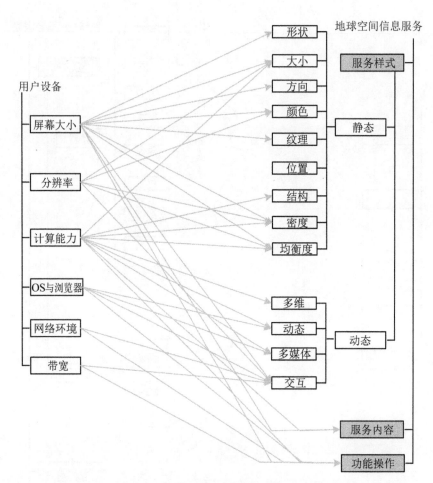

图 5-9 用户设备上下文与地理信息服务映射关系

5.5 构建上下文敏感的地理信息服务

上下文敏感的地理信息服务指的是那些能够根据用户的地理位置、个人偏好、业务需求等空间上下文，为其主动、自动和智能地提供信息的服务。但已有的地理信息系统提供的服务由于实现技术的限制，往往不具备这些特性(Stephen S,2002,2005)。实现传统的地理信息服务向上下文敏感的信息服务转变的一个直观思路是修改已有信息服务的实现方式,这需要专业的编程人员对原有信息服务的代码进行修改、编译、测试和重新部署,存在成本高和周期长的缺点(Fabio Casati,2000)。

本书从另一个角度出发,对上下文敏感服务的组成要素及形式化模型进行了研究,提出了一种无干扰的上下文敏感服务构建方法及其关键操作,在实现层给出了上下文敏感的地理信息服务的存储、组织管理以及使用模式。

5.5.1 上下文敏感信息服务的构成

本书认为所给出的上下文敏感信息服务模型应该达到这样的效果:不要求现有服务模型做任何修改,不必重新部署已部署的服务,在现有服务模型的基础上定义一个叠加服务模型。为此,本书借鉴了事件驱动架构中的基于内容的发布/订阅技术及 ECA 规则,给出了一种基于事件订阅和规则的上下文敏感信息服务模型。

从构成上看,一个上下文敏感信息服务由事件订阅信息、服务驱动规则、普通信息服务以及事件触发规则组成,如图 5-10 所示。

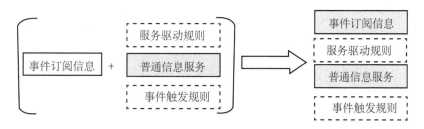

图 5-10　上下文敏感信息服务的构成

对事件进行订阅的目的是期望当某个上下文事件发生时，能够及时通知订阅该事件的服务。当前对事件的订阅主要有三种模式：基于主题、基于内容和基于类型。本书中的服务对事件的订阅采用主题和内容相结合的方式，即在订阅时除声明事件主题的同时，还可以对事件的内容进一步约束。这种订阅方式从两个方面带来了好处：（1）由于可以针对事件内容进行订阅，使得订阅者能够更有针对性地订阅感兴趣的事件，降低了无用事件的干扰；（2）从发布事件的角度讲，保证了事件可以更准确地交付给最相关的信息服务。

事件订阅信息由四部分组成，包括订阅信息的标识、订阅者、所订阅事件的上下文事件和对事件内容施加的约束，其中内容约束用一个上下文要素的取值约束关系表达式进行描述。图 5-11 给出了一个订阅信息的实例，刻画了一个名为 CustomerService 的服务对"用户上下文"事件的订阅，其中 Filter 下的<Expression property = " 个人兴趣" operator = " contains" >17</Expression>表示该服务只对个人兴趣包含代码为 17 的兴趣分类的用户上下文事件感兴趣。

定义服务驱动规则的目的是期望系统在捕获到事件后，还可以进一步将事件内容传递到服务中。因此，服务驱动规则主要描述了被订阅事件与信息服务输入参数之间的映射关系。服务驱动规则由四部分组成，包括事件模板、所驱动的服务、事件类型（请求或响应）、事件内容与服务输入参数之间的映射关系。

定义事件触发规则的目的是期望系统能够根据当前服务的操作触发新的事件，而后又可以根据新触发的事件去驱动其他服务。因此，事件触发规则主要描述了服务输入输出参数与被触发事件之间的映射关系。事件触发规则主要由四部分组成，即要监听的服务、服务操作类型（如输入、输出）、要触发的事件、触发的事件类型（如 Request 和 Response）、服务输入输出数据与事件内容之间的转换关系。

```
<? xml version="1.0" encoding="utf-8" ? >
-<Subscription id="">
  <Topic name="用户上下文" />
-< Subscriber id=" CustomerService # receiveNotify, org. ict. vinca. adaptor.
instance. WebServiceAdaptor, http://localhost /services"   name=" Customer Service#
receiveNotify" type="service">
    -<MgrDomain id="111-112-113-114" name="vincasg" httpendpoint=
"http://localhost:8080/eventbroker/eventlink" >
      <EndPoint>tcp://127.0.0.1:61616</EndPoint>
      <description />
  </MgrDomain>
  </Subscriber>
- <Filter type="and" >
  <Expression property="年龄" operator="" />
  <Expression property="性别" operator="" />
  <Expression property="个人兴趣" operator="contains">17</Expression>
  </Filter>
<DateTime />
</Subscription>
```

图 5-11　事件订阅信息实例

5.5.2　上下文敏感的地理信息服务构建过程

通过上述研究，本书为用户或上层 GIS 应用提供一种上下文敏感的地理信息服务构建方法，通过配置实现将传统的非上下文敏感的服务转化为上下文敏感的地理信息服务。在明确了上下文敏感信息服务构成要素的基础上，上下文敏感信息服务的构建主要是对事件订阅信息和两种规则进行配置的过程，如图 5-12 所示。

基于上述对信息服务上下文敏感机制的研究，本书给出了一种无干扰的(No Intrusive)上下文敏感信息服务模型及构建方法，可以在不修改原有信息服务的情况下通过配置将普通地理信息服务构建成上下文敏感信息服务。在这部分，给出了一种基于规则的上下文敏感的地理信息

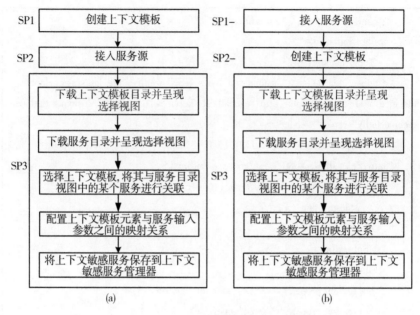

图 5-12 上下文敏感服务构建过程

服务构建方法，用户只需要在线将订阅信息、服务驱动规则和事件触发规则进行配置，使服务与相关上下文建立关联，即可构建上下文敏感的地理信息服务，具体构建方法如图 5-13 所示。

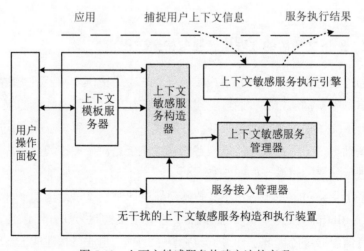

图 5-13 上下文敏感服务构建方法的实现

第 6 章　基于上下文感知的地理信息服务匹配与发现框架

伴随着计算机技术与网络技术的不断发展，网络上出现了越来越多的地理信息服务，如何从大量的备选服务群中选取到最适合用户需求的服务，即服务的匹配与发现技术的需求变得越来越迫切。语义 Web 服务的出现，赋予了 Web 语义属性特征，用户不再只是基于语法的层面(例如关键词查询等)寻找服务，一定程度上切合了用户的真实需求。但是在现有的语义服务匹配与发现框架下，系统不能根据各种上下文信息选择服务，而且选择出来的服务往往不能很好地适合用户需求。以用户查询从武昌火车站至武汉大学出行方案为例，场景中的学生王小苏同学查询出的是一个公交换乘方案，这比较符合用户的身份和经济状况；但同样的场景下，另外一位拥有私家车的用户，同样输入了出行方案的起点和终点，在没有用户上下文介入的情况下，系统仍然提出了同样的公交换乘方案，显然不能满足用户的个性化服务需求。

普适思想和上下文感知计算的出现给上述问题提出了很好的解决思路：根据用户自身的情况或者是个性化的需求智能化地选择到最适合的地理信息服务(C. Noda , 2003；F. Zhu, 2005)。

6.1　基于上下文感知的地理信息服务匹配与发现框架

本章提出了一种基于上下文感知的地理信息服务匹配与发现框架以

及地理信息服务多级发现算法，包括服务的基本描述、功能属性、非功能约束条件以及上下文四级匹配算法。实现了根据用户的空间上下文的个性化定制，在本体语义、上下文推理等机制的基础上对地理信息服务进行选择。

上下文感知的地理信息服务匹配与发现框架如图 6-1 所示。

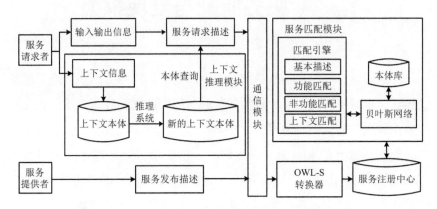

图 6-1　基于上下文感知的地理信息服务匹配与发现框架

上述框架中，核心模块主要包括空间上下文管理与地理信息服务匹配引擎。其中，空间上下文管理模块负责收集用户相关的底层上下文，基于本体进行形式化语义描述，并通过贝叶斯网络推理得到更有借鉴意义的高层空间上下文；地理信息服务匹配引擎负责完成对于地理信息服务匹配和发现的推理，包含了服务的基本描述、功能属性、非功能约束条件以及上下文四级匹配算法。

基于上述框架，地理信息服务的匹配与发现过程主要有以下几个步骤：

（1）对于用户（服务请求者）的各种空间上下文的获取，获取的方式包括通过用户界面的输入、各种传感器信息的收集等；

（2）将收集到的低层空间上下文组织管理起来，进行本体语义形式化建模；

（3）对于低层上下文的本体模型，基于贝叶斯网络对它们进行推理，得到高层空间上下文；

（4）服务的提供者对服务的各种描述信息进行本体建模；

（5）地理信息服务匹配引擎接收到用户的空间上下文、用户对于服务的请求描述、备选服务群的本体描述以后，利用四层推理机制对备选服务进行筛选，并最终按照匹配程度的高低将结果返回。

在整个地理信息服务的匹配与发现过程中，涉及了 SOA 的完整生命周期，其中的关键步骤包括：

（1）空间上下文的推理。空间上下文包括低层和高层两个大类，从用户的输入和传感器得到的只能是低层上下文，而高层上下文对于指导服务匹配更具有价值，但需要空间上下文的推理模块，结合领域专家知识获得；因此，空间上下文的推理算法显得尤为重要，本书采用了贝叶斯网络作为空间上下文的推理基础，第四章已作详细介绍。

（2）地理信息服务的语义描述。通过语义描述，地理信息服务可以向服务的请求者提供自身的相关信息，完整的服务描述也是提高服务匹配和发现精确度的关键步骤之一。地理信息服务描述包括了功能性和非功能性描述两类。本章认为要对地理信息服务进行有效地描述，首先需要理清地理信息服务的相关语义结构，详见本章 6.2 节。

（3）地理信息服务匹配策略。地理信息服务的匹配考虑的不仅仅是用户的输入请求和服务的描述，还包括了服务的功能性、非功能性约束条件以及空间上下文等多种因素。本章提出了这样一种策略，首先从语法层次，利用服务的基本描述筛选掉大量不合适的备选服务；接着，利用服务的功能性和非功能性约束条件，衡量地理信息服务的语义匹配程度；最后，对于筛选剩下的地理信息服务，结合用户的空间上下文最终确定它们的匹配程度并返回结果。

（4）地理信息语义相似性。在上述服务的匹配与发现策略中，功能性匹配是很重要的一个环节，其关键步骤就是对用户需求与服务之间的相关要素进行相似性比对，以此确定服务是否满足需求。各相关要素相似性越大，表明需求与服务之间的匹配程度越高；反之相似性越小，表明需求与服务之间的匹配程度越低。本章结合了图论和信息理论两种主流的语义相似性算法，提出了一种适合于地理信息的语义相似性算法。

6.2 地理信息服务的语义结构与描述

服务匹配本质上是用户需求描述与服务自身能力描述之间的匹配，因此对于地理信息服务进行有效、全面的描述是整个匹配过程的基础性研究问题。目前服务描述的方法大致可以分为基于语法层次的描述（如UDDI+WSDL 等）（S. Thakkar，2002；B. Benatallah 等，2003），和基于语义层次的描述（如 DAML、OWL-S 等）（C. Michale，2004）两大类，其中由于后者具备更好的可理解性和可识别性等优点日益成为 Web 服务描述的主流方法，大量的研究集中在服务语义描述模型的建立和服务描述语言的改进上。

"语法"、"语义"最初都是语言学研究领域的专业术语。语言学模型包括语音模型、语义模型和语法模型（高名凯，1995）。语音模型包括音位(音素)和音节(语素)；语义模型包括词、词语和句子；语法模型是指语言中客观存在的语法结构规律，是语言中词、短语、句子等语言单位的组织结构规律，包括词的构造、变化规则和组词成句的规则等。

语言描述的附加语义是一种概念化现象，自然语言符号和描述会激起人们大脑中某些相应的概念，人脑中的概念可以帮助人们筛选想要查找的物体，排除其他不合适的。例如"湖泊"这一术语会让人们联想到一种湿地。这些概念是由人们对于现实世界中实体的经验逐渐形成。概念、符号和实体三者之间的语义关系如图 6-2 所示。

地理信息科学领域借鉴语言学的研究成果，以地理空间信息符号与语言同为人类进行空间相关交流手段这一功能隐喻为基础（杜清运，2001，2004），研究地理空间信息的表达体系：地理空间是具有地理定

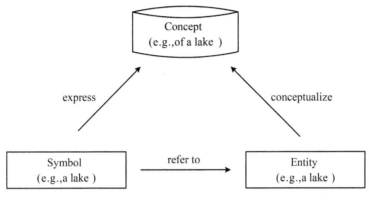

图 6-2　语义三角形

位的几何空间中地理变量的总体。这些地理变量包括地理组成(地理事物、地理现象、地理过程等)以及地理组成之间的相互作用与相互制约关系。与语言学模型的语音、语义和语法相对应,将地理空间模型系统分为空间几何、空间语义和空间关系三个部分。空间几何涉及地理空间的物理特性,包含空间像素、几何要素等;空间语义包括地理特征、地理现象、地理场景等;空间关系包括空间语义关系和空间实体关系等,如图 6-3 所示。

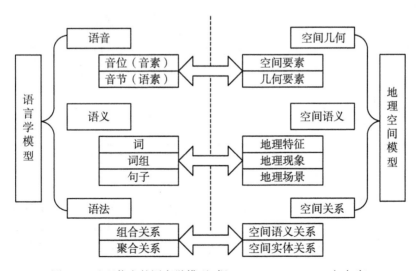

图 6-3　地理信息的语言学模型(据 D. M. Mark,1999,有改动)

6.2.1 地理信息语义源于现实世界的空间认知抽象

　　地理信息是对地理空间及地理事物、地理现象的数字化表达(陈述彭，1999)。从现实地理世界到数字地理世界要经过三个过程：第一是从真实地理系统抽象为合适的地理概念；第二是从地理概念映射为适宜的空间数据模型；第三是地理实体的数据结构的实现和数字化可视表达。而这同时也正是地理信息语义的产生过程(王家耀，2001)。

　　由于地球表面的无限复杂性，要在计算机的有限容量和处理能力的系统中进行表达，无可避免地要涉及抽象与综合问题。OGC(1999)认为对地理对象的抽象过程通常认为有九个层次，在这九个层次之间通过八个接口与它们连接，定义了从现实世界到地理要素集合世界的转换模型。这九个层次依次为现实世界、概念世界、地理空间世界、维度世界、项目世界、点世界、几何体世界、地理要素世界以及要素集合世界(见图6-4)。其中前五个模型是对现实世界的抽象的概念和文字模型，后四个模型是关于真实世界的数学的和符号化的模型。

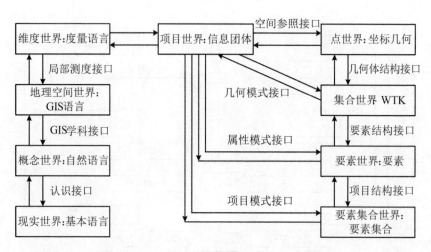

图6-4　Open GIS 的认知模型(据 OGC，1999)

6.2.2 地理信息本体模型

在信息领域，本体的构建是为了实现某种程度的知识共享和重用。Chandrasekaran 等(1999)认为本体的作用主要有以下两方面：

(1)本体的分析澄清了领域知识的结构，从而为知识表示打好基础。本体可以重用，从而避免重复的领域知识分析。给定一个领域，该领域的本体组成了领域内任何知识表达系统的核心。没有本体或者知识的概念化，就不可能有描述知识的词汇。澄清术语使得本体能够进行一致和连贯的推理。

(2)统一的术语和概念使知识共享成为可能。本体捕获了领域的内在概念化结构。为了建立一种知识表示语言，我们需要将术语同本体中的概念和关系联系起来，并建立依据概念和关系编码知识的语法。我们与其他对该领域知识表达有同样需求的人共享这种知识表示语言，从而避免了重复知识分析的过程。

对于本体层次的划分，大量的研究集中于本体的构建和工程应用的角度。其中广为接受的是 Guarino(1997)的划分方式，从领域知识的尺度层次和依赖程度对本体进行划分。粒度较大、层次较高的称为参考本体，粒度较小、层次较低的称为共享本体。依照领域依赖程度细分为顶层本体(Generic Ontology)、领域本体(Domain Ontology)、任务本体(Task Ontology)和应用本体(Application Ontology)四类。

(1)顶层本体：描述最普通、最通用的概念及概念之间的关系，常常是抽象术语，如空间、时间、事物、对象、事件、行为等，他们与具体的应用无关。其他种类的本体都是该类本体的特例。在本体驱动的GIS(Ontology-Driven GIS-ODGIS)中，顶层本体描述空间的普通概念。

(2)领域本体：描述特定领域中的概念及概念之间的关系，如遥感、城市环境，并对领域知识结构和内容加以约束，形成特定领域中具体知识的基础。

（3）任务本体：描述通用的行为，如水资源保护、土地利用/土地覆盖变化、影像解译等。它们都可以应用顶层本体中定义的词汇来描述自己的词汇。任务本体和领域本体处于同一个研究和开发层次。

（4）应用本体：描述同时依赖于特定领域和任务的概念。它既可以应用涉及特定的领域本体中的概念，又可以引用出现在任务本体中的概念。在 ODGIS 中，这些本体可以由高层本体创建，它们表达了用户的需求，如用户所关心的某条河流的水质污染状况。

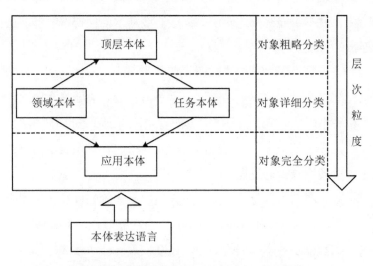

图 6-5　本体的层次结构（据 Guarino，有改动）

一个良好的本体结构可以将多源地理数据融汇到统一的地理信息语义系统中，引入本体层次划分，使通用的静态知识和利用这些知识解决应用问题的动态任务分离，使得语义交互可以在不同的层次中进行。

6.2.3　地理信息服务中的语义异质性

人们对客观世界的空间认知方式，所遵循的政策法规、行业特征和习惯的差异，不同领域的专家对同一地理现象观察和描述侧重于不同的方面,从而产生了领域内部可以对独立的概念系统达成共识,而其他领域的用户往往无法理解甚至误解,从而形成地理信息的语义异质性。

地理信息服务中的语义异质性问题主要包括名称异质、数据类型异质和概念异质三类。以本书开始提出的场景为例说明在地理信息服务应用过程中的上述三类语义异质性:用户抵达武汉,利用 PDA 查询到各大高校的位置,确定了第一站是武汉大学以后,PDA 根据用户的意图匹配最为合适的公交换乘的地理信息服务,假如找到两个最为合适的服务 TravelScenarioService 和 BusRideService。

1. 名称异质性

名称异质性是指用户需求和服务提供者的输入均指代相同的领域概念,数据类型也一致,但使用了不同的术语名称。

TravelScenarioService 和 BusRideService 都是根据用户的出发地点和目的地返回公交乘车方案,然而 TravelScenarioService 返回信息以 TravelScenario(交通方案)命名描述,BusRideService 返回信息以命名 BusRide(公交换乘)命名描述。这种指代了相同的领域概念却具有不同命名的情况给计算机自动匹配带来了麻烦。

名称异质性问题主要存在于基于语法层次的服务描述中,可以通过应用本体建立统一的概念系统,在 WSDL 描述中增加注解节点解决。应用本体通过参考一般性的领域概念建立,包括领域概念中的属性附加约束条件,进一步细化应用概念的含义。如果两个应用概念所指代的是同一个领域概念并且它们的约束条件也一致,那么它们所对应的注解节点含义也一致。

2. 数据类型异质性

数据类型异质性是指用户需求和服务提供者的输入均指代相同的领域概念,并且使用了相同的术语名称,但是使用了不同的数据类型进行表达。

还以上述场景为例，假定 TravelScenarioService 和 BusRideService 已经解决了名称异质性，TravelScenario 和 BusRide 在应用概念上被计算机认为是一致的，新的异质性问题是，两者返回的数据类型不同，前者返回的是一个字符串(String)类型，而后者返回的是一个需要进一步解译的 Xml 片断，属于复杂数据类型。

这类异质性问题不是单纯的语法层次的异质性，因为复杂数据类型所包含的信息含义，用户无法详尽地直观地获取。在处理复杂数据类型的时候，需要对它的数据结构和内容进行语义描述，便于计算机可以将它转换成简单的数据类型集合并获取它所包含的真实含义。

3. 概念异质性

数据类型异质性是指用户需求和服务提供者的输出使用了相同的术语名称，数据类型也一致，但是指代不同的领域概念。

在上述场景中，假定有新的服务 AnotherTravelScenarioService 加入备选服务行列，与之前的 TravelScenarioService 同样输出术语名称为 TravelScenario 的旅行路线，数据类型同为字符串(String)类型，但是前者输出的是从出发地点到目的地的自驾线路，而并非用户所需要的公交换乘方案文案。

概念异质性会导致调用的地理信息服务返回的结果与用户预想需求完全不相同，这种异质性问题通常出现在基于 WSDL 进行服务描述，并且用户手动选择服务的过程中，服务具有相同的输出名称和数据类型，用户难以辨别它们所指代的是不同的领域概念。

6.2.4　地理信息服务语义描述框架

从以上的分析可以看出，解决地理信息语义异质性问题可分为两步：首先选择一种形式化的语言显式地描述系统开发者建立的概念系统，然后对不同领域的概念系统进行集成，在此基础上实现基于语义的互操作。

地理信息语义是关于地理数据、实体、现象、操作功能、空间关系、处理过程、服务等的内容信息。地理信息语义范围很广，本章重点关注地理数据和地理信息服务中的语义，便于地理信息服务的动态和自动匹配以及后续的服务组合研究。在 Web 服务领域，语义可以分为四种类型(Sheth，2003)：数据/信息语义、功能/操作语义、执行语义和服务质量语义。

数据语义是指在 Web 服务操作过程中输入输出数据所包含的语义；功能语义表示服务的主要用途和功能；执行语义特指调用服务的限制性条件，如前置和后置条件等；服务质量语义提供服务选择的质量性标准。例如，一个计算公交线路查询的服务，要求使用 Shape 矢量数据作为数据类型，并将用户查询的公交线路以文字形式返回计算结果。在这个服务使用过程中，服务的功能性语义可能使用功能性本体中的公交线路查询类来表示，每一个概念和类别都代表一个完整定义了的功能。本书重点研究了服务调用过程中的数据和功能语义，如图 6-6 所示。

考虑到空间上下文是基于 OWL 进行的本体建模，因此地理信息服务的本体描述本书也同样基于 OWL 语言，以避免不同建模方法之间的差异性。

如图 6-7 所示，OWL-S 对服务的描述包含三部分的内容：

(1)Service Profile 主要描述服务是什么(What)，例如图中所示的服务类型是"WMS"，而服务的输出是按照一定规则定制的"Map"；

(2)Service Model 详细描述服务的运行机制(How)，例如输入的一系列参数需要在 Service Model 中进行注册；

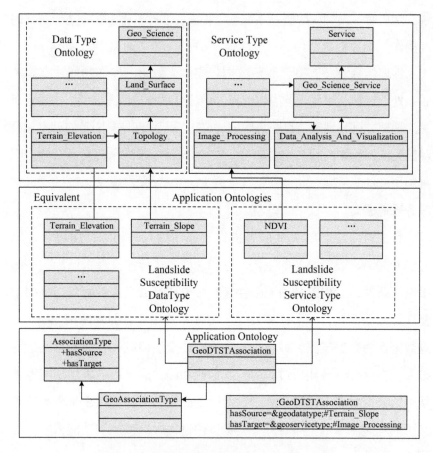

图 6-6 地理信息数据和服务功能语义示例

（3）Service Ground 描述服务如何被调用，例如调用服务 WMS 得到相应的"Map"这一操作要符合 WMS 注册在中介的各种约束条件。

在 OWL-S 结构中，Service Profile 和 Service Model 关注基于地理信息语义的 Web 服务的语义描述；而 Service Grounding 负责说明一个服务的语义层次描述与语法层次描述之间的联系。

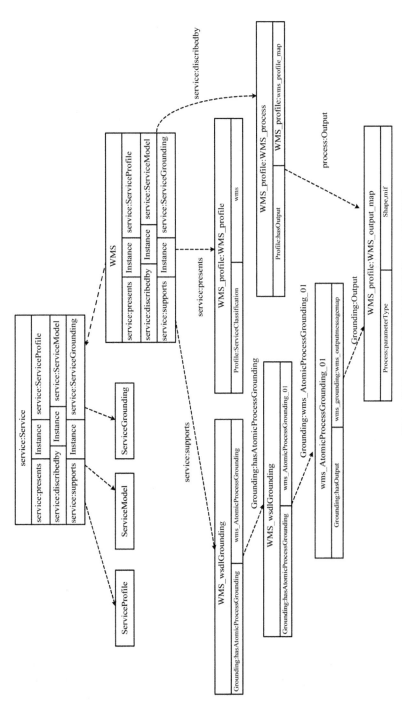

图6-7 使用OWL-S对地理信息服务WMS进行描述

6.3 一种地理信息语义相似性算法

作为地理信息服务应用框架中最为重要的一个环节，服务匹配的关键步骤就是对用户需求与服务之间的相关要素进行相似性比对，以此确定服务是否满足需求。各相关要素相似性越大，表明需求与服务之间的匹配程度越高；反之相似性越小，表明需求与服务之间的匹配程度越低。目前基于语义描述的 Web 服务匹配（M. Paolucci 等，2002；Michael C. 等，2004）大多借助需求与服务的语义描述，包括输入（Inputs）、输出（outputs）、前置条件（Preconditions）和执行效果（Effects）等，使用语义描述逻辑推理的方式增加匹配的精确程度。这种匹配方式虽然效率较高，但缺乏定量准确分析的能力，只能定性地对服务能力进行分析，服务能力的区分程度较差，语义精确度不高。

针对上述不足，后续的研究（Nicholas，2003；Joachim Peer，2004）又开始转向概念层次树的方式，简而言之，针对领域内的对象建立语义概念层次树，树上的节点表示对象，节点间的"树枝"表示对象间的关系。这样的研究思想源于词语相似性的计算，最为典型的是 WordNet 本体结构（Miller，George A.，1995）。WordNet 是一个包含语义信息的字典，在 WordNet 中，词汇各自被组织成一个同义词的网络（Synset），每个同义词集合都代表一个基本的语义概念，并且这些集合之间也由各种关系连接。如图 6-8 所示。

基于概念层次结构图树计算语义相似性衍生出两类方法：基于信息理论的概念信息量法和基于图论的概念距离法。其中，概念信息量法是把整个树视为一个充满语义的信号源，而每个节点作为一个子信号源，利用信息理论模型与数理统计知识来计算两个对象概念所共有的信息量，并以此来判定两者之间的语义相似性；而概念距离法则是把整个层次树看做是一个大的关系结构图，累计计算两个对象概念间的通达距

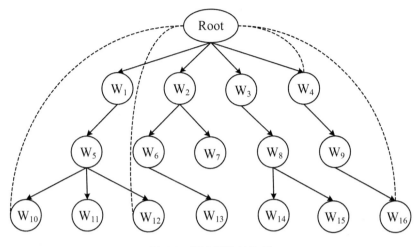

图 6-8　概念层次结构树

离，并把它作为相似性的相反度量——语义距离，再换算为语义相似性。

　　基于概念层次结构树的语义相似性计算方法，具有较高的语义精确度，它的缺点也很明显：针对每个具体的应用，都要构建不同的概念层次结构树并进行语义相似性的计算，计算量很大。特别是地理信息服务所涉及的概念系统更为复杂，规模较大，会严重影响服务匹配和发现的效率。

　　本小节首先概述了语义相似性的概念，接着分析了概念信息量法与概念距离法两种算法计算语义相似性过程中的优缺点，最后基于两种算法的优势结合地理信息服务语义匹配的应用需求，提出了一种兼顾效率的语义相似性算法。

6.3.1　语义相似性的概念

　　语义相似性、语义相关度以及语义距离三个术语在很多研究中经常交替使用（P. W. Lord，2002；Resnik，1999；吕庆聪，2002），其实它们的确切含义却大不相同。语义的相似性是两个对象之间语义信息的公共部分和描述这两个对象总信息的比率（B. Lin，1998）；而语义的相关性是指对象之间的相关程度，它可以包含各种关系，如上下义关系、总分关系、同/反义关系等，主观性很强，会根据具体场景的不同而发生变化，需要综合考虑多种关系。以本书前述场景为例，旅行者与交通工具两个对象语义相似性很低，但两者之间的语义相关度却很高。而语义距离则是与前两个概念相反的度量指标，用来描述语义相关度和语义相似性的程度，即距离越远，相关性或者相似性越小。

简单地说，可以把语义相似性视为语义相关度概念众多关系中的一种特殊情况，即 IS-A 关系，在使用的过程中，仅考虑对象之间的语义包含关系。而在地理信息服务发现与匹配过程中，研究所关心的仅限于服务的请求与服务本身之间的匹配程度，因此对于语义相似性的评估本书只考虑语义的相似性，而对于语义相关度所包含的其他关系如反义关系等不作重点讨论。

按照相似性程度，对象间的语义相似性可进一步分为包含、等价、相交、分离四类，如图 6-9 所示。

6.3.2　概念信息量算法

概念信息量算法是基于信息论模型的语义相似性计算方法（Resnik，1995），通过两个对象 o_1 和 o_2 的概念之间所包含的共有信息量来衡量它们之间的语义相似性，即共有的信息量越多，它们之间的语义相似程度越高。其计算过程可分为两步：

（1）计算层次结构树中各个概念的信息量。根据信息理论，一个信号源 c 的信息量为：

$$\mathrm{IC}(c) = \log^{-1}P(c) \qquad (6\text{-}1)$$

式中，c 表示层次结构树中的概念，$P(c)$ 为出现的概率值；关于

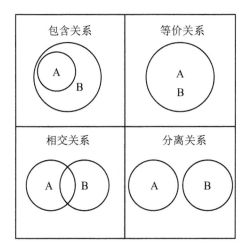

图 6-9 语义相似性的四种类型

$P(c)$ 的取值，不同的研究有不同的方法，主流的研究均采用概念 c 在本领域内文献中出现的概率，也可以理解为在领域内使用到概念 c 的实例的概率。根据公式(6-1)，信息量是概念出现概率的递减函数，我们可以这样理解：随着概念概率的减少，信息量增加，即越具体的概念，信息量越多，反之亦然。特殊情况下，如果层次结构树上只有一个概念，即只有一个根节点，那么它的信息量为 0。

这与概念层次树的自身结构有关，由于本书中提到的概念层次树仅考虑概念之间具有上下义的包含关系(IS-A 关系)，如果一个概念 C 包含若干个子概念 c_1，c_2，……，c_n，那么 $P(C)$ 大于等于任何一个子概念的概率 $P(c_i)$，因此它的信息量也小于等于任何一个子概念的信息量。

(2)对于给定的两个概念，寻找具有最大信息量的父节点概念。

两个概念所共有的信息量越多，则它们之间的语义相似程度越高，而共有的信息量是由同时包含这两个概念的父节点概念所决定的，根据(1)中的分析：具有最大信息量的父节点同时也是最具体的父节点，如果两个概念没有共同的父节点，那么它们的相似程度为最低。概念间的语义相似性可以用下式表示：

$$\text{sim}(c_1,\ c_2) = \max_{c \in \sup(c_1,\ c_2)} \big[\text{IC}(c) \big] = \max_{c \in \sup(c_1,\ c_2)} \big[-\log p(c) \big] \qquad (6\text{-}2)$$

由式(6-2)中的定义以及概念层次树的结构特点可以看出：

（1）如果概念之间有多个共同的父节点，那么可以表达概念之间语义相似性关系的节点层次最接近底层，例如图 6-10 中，Motor Vehicle 和 Vehicle 都是 Car 和 Bus 概念的共同父节点，但显然 Motor Vehicle 的信息量可以作为 Car 和 Bus 的语义相似性度量。

（2）概念 c_1 和 c_2 共同概念父节点在层次结构树中的层次越底层，它们的语义相似性也越强。这与概念层次结构树中的一般规律相一致，即概念的层次越靠近底层，它们之间的语义相似性越大。以图 6-10 为例，Bus 和 Car 之间的语义相似性要比 Motor Vehicle 和 Wheeled Vehicle 之间的语义相似性高。

这种方法的缺点在于，认为最具体共有概念相同的概念之间语义相似性是相同的，无法进一步区分这些概念之间的语义相似程度。例如图 6-10 中，（Bus，Bicycle），（Bus，Wheeled Vehicle）的语义相似性是相同的，因为它们具有共同的共有概念 Vehicle，显然这不符合人们的认知常识。

对于这一问题，又有研究者提出相应的改进方法，在考虑概念所共有的父节点概念的同时，加入对差异信息量因素（Lin 等，2000）的考虑，利用两个概念的信息量之和对它们共享概念的信息量进行规格化，从而避免上述问题。

$$\text{Sim}_{\text{lin}}(c_1,\ c_2) = \frac{2 \times \text{sim}_{\text{res}}(c_1,\ c_2)}{(\text{ic}_{\text{res}}(c_1) + \text{ic}_{\text{res}}(c_2))} \qquad (6\text{-}3)$$

概念信息量法特点：

（1）基于信息理论模型，对于概念的层次结构树的结构特征如概念间的路径距离、概念层次及密度等依赖性不强，仅基于各概念在文本统计中出现在概率统计来计算其信息量作为子概念间语义相似性的依据；

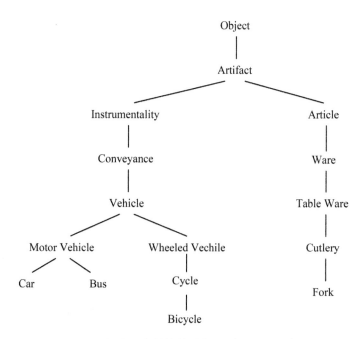

图 6-10 概念层次结构树片断(以交通工具为例)

(2)缺陷主要体现在信息量的获取方式，通过计算某概念在文本中出现的概率来计算，这种方式也会较大程度影响语义相似性的准确性。这是因为：

①很难完全统计概念在所有文本集中出现的概率，而文本集之间的差异较大，只选择部分文本集作为统计依据对于概念的概率影响较大，并最终影响其语义精确度；

②同一个概念所使用的词汇可能是多义词，例如 School 既可以表示大学里面的学院，又可以表示中学，而在对这一概念进行文本统计的时候难以详细区分具体的语义概念，因此会严重影响其统计概率；

③多个词汇所表达的概念可能是同一个，例如对于一些专业术语而言，在不同的文本集中，可能使用缩写词汇表示，可能使用全写词汇表示，也可能在词汇表达方面具有不同的形式；

④在概念的层次结构树比较复杂，规模较大的时候，对于每个概念进行信息量的计算工作量太大，消耗计算资源过多。

6.3.3 概念距离法

概念距离法基于图论的思想，它把领域内的概念及相互间的关系所构成的概念体系视为一种网络关系图，更为简便直观。当这些概念抽象成为图的时候，概念之间的语义关系问题就相应转化为图的计算问题。例如同一概念体系中的两个概念 c_1 和 c_2 ，c_1 到 c_2 之间的语义距离可以通过连接它们之间的路径表示，当两者无直接路径时，可以通过中间概念 c_3 、c_4 等。最为简单的一种情况，如果概念网络中概念间的关系是同等性质且具备同样权重的话，那么两个概念间语义相似性问题就转化为图中节点间最短路径分析问题(Rada，2000)，语义路径的"长度"即是概念之间的语义距离，语义距离越近，概念之间的语义相似程度越大，这种最短路径也被称为"最短语义路径"。

仍然以图6-10为例，以每条代表关系边的语义路径值为1，则从概念 Car 到概念 Cycle 的语义路径分别经过 Motor Vehicle、Vehicle、Wheeled Vehicle，语义距离为4。概念 Cycle 分别与概念 Wheeled Vehicle、概念 Bicycle 相邻，与它们之间的距离均为1。这里就出现一个有违常识的问题，通常认为 Cycle 与 Bicycle 相对 Wheeled Vehicle 的语义相似程度更高，相应语义距离更短。出现这一问题的根源在于将任何两个概念之间的关系边视为同等权重。

因此后来的研究主要集中在概念层次结构图中不同位置的关系"边"对于语义距离度量影响权重的建立方法。Wu-Palmer 等(2002)通过概念 c_1 和 c_2 共有的最低层次的父节点概念 c_0 ，来度量它们之间的语义相似程度。可用数学公式表示为：

$$\text{Sim}_{WP}(c_1, c_2) = \frac{2 \times \text{len}(r, c_3)}{\text{len}(c_1, c_3) + \text{len}(c_2, c_3) + 2 \times \text{len}(r, c_3)} \quad (6\text{-}3)$$

其中，r 表示 root，即概念层次结构树中的根概念节点。$\text{len}(r, c_3)$ 表示根概念节点和概念 c_3 之间的最短路径。

白东伟等（2003）将这类方法归类为：

$$\text{Sim}(c_1, c_2) = f(l, h, d) \tag{6-4}$$

式中，l 为概念 c_1 和 c_2 之间的最短路径距离；h 为 c_1 和 c_2 的最具体共同概念（Most Specific Common Abstraction-MSCA）在层次结构树中的层次深度。例如图 6-10 中，Car 和 Bicycle 的最具体共同概念（MSCA）就是 Vehicle。d 为概念层次树中 c_1 和 c_2 所处位置的概念密集程度。

李宏伟等（2004）变换思路，把语义路径问题看作是 GIS 空间分析中赋权有向图的最短路径问题，即在赋权图 $G = (V, E)$ 中指定的一对顶点 v_i，v_j 间众多的路径中，寻找一条权重和最小的路径。并引入了 Dijkstra 算法，它是一种标号法，通过每一个顶点记数标号递归计算最终的最短语义路径。

概念距离法特点：

（1）概念距离法主要顾及了概念层次结构树的结构特征，不需要额外的概念概率计算：

①最短路径距离。概念之间最短路径距离越短，语义相似性越强。

②概念所处的层次。越接近底层，概念的具体程度越高，相互之间的语义距离越近。

③子树节点的密集程度。节点越密集，相互间的语义相似性越强。

（2）在语义计算过程中将概念层次既考虑最短路径距离，又顾及概念层次和概念密集度，虽然增强了语义分辨能力，但会大大增加本体建模规模。

6.3.4 一种地理信息语义相关度算法

上述有关语义相关度的算法各有优缺点，其中概念距离算法更为直观，但更多是的定性层面上的算法，特别是语义关系边的权重设计，缺乏足够的理论说服力。概念信息量算法基于数理统计理论,但是预处理的构建过程较为复杂,且每个新的应用领域内的概念都需要重新计算概率,产生很大的计算冗余。后来的研究者结合两者的优势提出了一种复合的计算方法,他们的基本思想是针对概念距离算法中距离边权重的计算方法问题,结合概念信息量算法中概念节点的信息量来获取。针对概念信息量算法中语义分辨能力较弱,算法复杂等问题,结合概念距离算法中的加权有向距离和来直观获取。

J. Jiang 等(2002)顾及概念子节点 c 与父节点 p 间的连接权重,以及节点密度、节点深度、连接类型等因素,得出权重的以下计算公式:

$$wt(c,p) = \left(\beta + (1-\beta)\frac{\overline{E}}{E(p)}\right)\left(\frac{d(p)+1}{d(p)}\right)^{\alpha}\left[IC(c) - IC(p)\right]T(c,p)$$

$$(6-5)$$

式中, $d(p)$ 表示父节点 p 在层次结构树中所处的层次深度; $E(p)$ 表示子节点连接的边数(即节点密度); $\overline{E}$ 表示整个层次结构权中的平均密度; $T(c,p)$ 表示连接/关系类型因素对权重的影响。参数 $\alpha(\alpha \geqslant 0)$ 和 $\beta(0 \leqslant \beta \leqslant 1)$ 分别用来调节控制概念节点深度与密度参数对权重边计算的影响程度,例如当参数 α 接近0和 β 接近1的时候,则表示节点深度与密度对边的权重几乎没有影响。

基于此权重公式确定了边的权重以后,根据概念距离算法中的最短路径算法,就可计算出概念之间的最短语义路径的权重和作为概念之间的语义距离,计算公式如下:

$$Dist(w_1, w_2) = \sum_{c \in \{ path(c_1, c_2) - LSupr(c_1, c_2) \}} wt(c, parent(c)) \qquad (6-6)$$

其中, $c_1 = sen(w_1)$, $c_2 = sen(w_2)$ 和 $path(c_1, c_2)$ 是指从 c_1 到 c_2 之间的路径所包含的所有概念节点集合。

这种方法是理论可行的,而且针对计算机科学一般应用领域具有很好的应用价值。但是地理信息科学具有很强的学科特点,最为突出的就是地理信息的语义结构以及语义异质性。而上述方法有关概念节点的语义信息量的计算仍然采取数理统计的方法，仍然还停留在语法层面，不能很好反映地理信息概念之间真实的语义结构关系，并且这种统计方法随着本体规模的扩大，会加剧计算的复杂性。

针对地理信息服务语义匹配的需求，本书提出了一种较为简单的语义相似性算法。算法的主要思想与 J. Jiang 相似，同样结合上述概念信息量算法与概念距离算法的优点，利用概念信息量算法计算层次结构树中语义关系连接边的权重，同时利用概念距离算法计算概念之间最短路径之间的有向权重和作为语义距离，并最终以此来衡量概念间的语义相似性。

与以往算法最大的不同在于，在利用概念出现概率来计算边权重的时候，不是简单利用数理统计的方法来计算文本集中概念出现的概率，而是把领域本体作为统计源，利用领域本体的层次结构信息来统计概念的概率。这是因为领域本体本身是一个具备丰富专家知识的知识系统，利用本体进行概念定义的表达也具有更为准确的优点，可以克服不同概念相同词汇定义以及相同词汇定义不同概念语义等统计问题的出现。具体定义如下：

前提 1：基于地理信息服务使用的本体结构作为地理信息概念的层次结构树，概念父节点与子节点之前具备继承关系。

前提 2：对于处于不同层次的概念，仅考虑概念父节点与子节点之前的包含(IS-A)关系。

由上述两个前提，可以给出下两个定义：

定义 1　$IC_{res}(c) = -\log p(c)$，c 为领域本体概念树中的任意概念，$p(c)$ 为任意一个实例属于概念 c 的概率，$IC_{res}(c)$ 为概念 c 的语义信息量。我们这里采用 Resnik 等的公式 4 来定义概念的语义信息量。

定义 2　$P(p) = P(c_1) + \cdots\cdots P(c_n)$，$P(r) = 1$ 的概念 P 为概念 c_i 的父节点，概念 R 为地理信息领域本体的根概念。

定义 3　$P(c_i) = wc_i P(p)$。

与定义 2 相反，定义 3 描述的是子节点与父节点之间的概率关系，父节点的概率是子节点概率之和，这很容易理解，但子节点之间也存在权重的不同，因此此处加入权重因子wc_i，特殊情况下，$\mathrm{wc}_i = 1/n$，n为父节点包含的子节点数目。

$$\text{定义 4} \quad \mathrm{wt}(c, p) = \frac{1}{n} \frac{\mathrm{IC}(c) - \mathrm{IC}(p)}{\mathrm{IC}(c) + \mathrm{IC}(p)} \times d(p)$$

其中，$\mathrm{wt}(c, p)$为概念层次结构树中父概念p与子概念c之间连接边的权重；$d(p)$是父概念p所处的概念层次；n为父概念包含子概念的数目。容易看出，上式是 **J. Jiang** 权重算法的改进和简化，在这一过程中，本书重点考虑了以下几个因素：

(1)概念层次。根据前文分析，层次越接近底层，其语义相似程度越高，换句话讲，就是边之间连接的权重越大，因此加入了概念层次$d(p)$。

(2)节点密度。加入参数$1/n$来修正子节点密度对于权重的影响，即子节点越多，密度越大，则单一子节点与父节点之间的权重越小。

(3)连接关系类型。由于本书的研究对象是地理信息服务的语义匹配，概念间的层次关系仅限于包含关系，且存在于领域本体内部不存在另外的关系。

这种算法的特点：

(1)融合了概念信息量算法与概念距离算法的优点。利用概念的信息量来获得概念间联系的权重，改进了概念距离算法对于权重计算的不足，而最终的概念语义相似性又是通过概念距离算法中的最短路径模型，避免了概念信息量算法计算复杂度等问题。

(2)利用地理信息本体语义结构作为概念层次结构树，具有明确性和详尽性等特点，不再需要通过复杂的文本统计来计算各个概念出现的概率，语义准确度高。

(3)体现了语义相似度与层次深度、节点密度等要素之间的关系，符合人们认知常识。

(4)领域本体专家知识的概率统计方法以及以此为基础进行的语义

相似性计算与服务的本体描述相一致，更符合地理信息服务匹配与发现的要求。

6.4 基于上下文感知的地理信息服务多级发现与匹配模型

6.4.1 地理信息服务多级发现与匹配策略

服务的发现与匹配过程是服务请求者与服务提供者之间的一个互相匹配选择的过程，在此过程中，服务的注册中心充当服务提供者与服务请求者之间的中介。一方面，服务提供者将完整的服务信息组织成描述信息文档(WSDL/OWL-S/WSMO)在注册中心进行注册，注册中心对信息文档分别进行分析，将服务的关键性要素分离出来，在注册中心中构建服务描述所需要的信息。另一方面，服务请求者组织请求信息文档，发送至服务注册中心，注册中心解析请求信息中的各类服务需求条件，并与已注册的服务进行多层次的比对，并最终将服务推送给服务请求者。

服务描述的要素构成不同，服务匹配的方式也有所区别。本书限定的地理信息服务描述由以下几部分：服务功能(Capability)、输入输出(Input/Output)、前置约束/结果(Preconditons/Effect)和服务上下文(Service Context)。其中，服务功能、输入输出、前置约束/结果是通过领域本体类进行描述，服务匹配过程需要利用6.3小节中的语义相似性算法进行计算；服务上下文网络连接状态、地域位置、设备类型等，也同样基于本体类描述，通过与用户上下文之间的推理进行匹配。

由服务描述的不同形成的不同服务匹配方式主要有I/O匹配、PE匹配、QoS匹配、IOPE匹配等。本章根据地理信息服务的特点，结合空间上下文感知的思想，提出一种多个层次的多级地理信息服务发现与匹配模型，该模型具备四层匹配结构，包括服务基本描述匹配、服务功能匹配、服务非功能性约束条件匹配、空间上下文推理匹配四个层次，如图 6-11 所示。

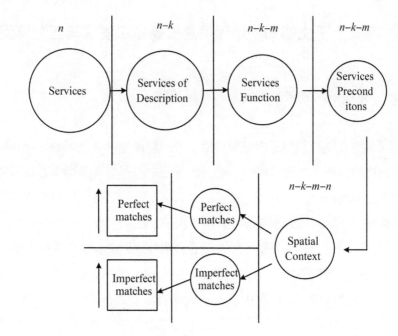

图 6-11　地理信息服务多级匹配与发现策略

6.4.2　服务基本描述匹配

服务的基本描述包含服务分类（Service Category）、服务的名称（Service Name）与文本描述（Text Description）等内容，这里提到的服务基本描述匹配主要以服务分类、服务地域（Service Location）、服务工作状态（Service Working Station）三个因素作为服务匹配依据。

1. 服务类别匹配

伴随着网络服务、计算机软硬件技术的进步，网络上可用的服务越来越多，它们之间具有很大的相同之处，甚至服务名称都是相同的，但却有可能具有不同的划分标准，分别属于多种分类系统。通过服务类别匹配可以过滤掉大量的不符合用户需求的地理信息服务。

$$Categorymatch(AS,RS) = \begin{cases} true, if\ AS.\ Service\ Category.\ value = RS.\ ServiceCategory.\ value \\ false, if\ AS.\ Service\ Category.\ value \neq RS.\ ServiceCategory.\ value \end{cases}$$

式中，Categorymatch(AS，RS)表示将服务发布 AS 和服务请求 RS 的服务类别的值进行匹配。

2. 服务地域匹配

地理信息服务具有很强的位置相关性，服务所处的地域位置可大体反映出服务的位置符合程度。例如在本书的应用场景中，用户在选择乘车方案时，最为贴切的应该是武汉市的公交换乘查询服务，而此类服务部署在国外服务器的可能性很小，并且服务地域距离与服务的网络性能可看做是反相关关系，可依据此筛选出一部分不符合条件的服务。

$$Areamatch(AS, RS) = \begin{cases} true, & if\ RS.\ Area \subseteq AS.\ Area \\ false, & if\ RS.\ Area \not\subset AS.\ Area \end{cases}$$

3. 服务工作状态匹配

这里的服务工作状态主要关注服务当前是否可用，由于硬件设备或软件更新等原因服务可能暂时处于离线状态，而如果这种服务的描述信息与用户请求相吻合也无法正常提供相应的服务，降低了服务匹配的效率。严格来说，服务的当前工作状态属于服务上下文的范畴，但是提前到整个服务匹配策略的第一个层次，可大幅提高匹配效率。

$$Areamatch(AS, RS) = \begin{cases} true, & if\ RS.\ Area \subseteq AS.\ Area \\ false, & if\ RS.\ Area \not\subset AS.\ Area \end{cases}$$

6.4.3 服务功能匹配

Web 服务的功能属性主要包括服务的输入(Input)、输出(Output)、前置条件(Preconditions)和执行效果(Effects),即 IOPE。其中,按照基于这些功能属性使用的服务匹配方式不同可以大致分为两部分:一部分是服务的输入输出属性,这两个属性是服务匹配的基本要求,即服务请求者的输入可以满足服务的输入条件,服务提供者的输出可以满足服务请求者的要求;另一部分是服务的约束条件,包括服务的前置条件和执行效果。目前基于服务输入输出属性进行服务匹配的研究思路大多源于 M. Paolucci(2000)的语义服务匹配思想:服务请求者与服务提供者之间的功能属性匹配程度取决于功能属性描述采用概念之间的匹配程度,并把这种匹配程度详细分为四种:精确匹配(Exact Match)、插入匹配(Plug in Match)、包含匹配(Subsume Match)和失败匹配(Fail Match)。

本小节提出了一种针对服务输入输出功能属性的改进匹配方法,这种匹配方法与以往方法最大的不同,是在本体语义推理匹配的基础上,结合了概念间的语义相似性,从而增加了匹配过程中对于候选服务的分辨能力,提高了匹配的准确性。

1. 功能属性匹配流程

本书提出的功能属性的匹配方法大致分为四个步骤,如图 6-12 中虚线框内的模块所示。首先服务请求信息和服务发布信息均采用相同的服务描述语言,通过服务描述解析器,从中分别解析出服务请求者和服务发布者的输入输出信息参数;然后针对这些输入输出参数,利用本体推理机进行概念间的语义逻辑推理;接着结合语义推理的结果,计算描述概念之间语义相似性,这里的相似性采用 5.3 节的语义距离的计算方法进行;所有对应的参数语义相似性计算完毕以后,综合考虑每个输入输出参数的语义距离，给出总体的服务匹配程度参考；最后按照匹配程度倒序排列，候选的服务进入下一个匹配层次。

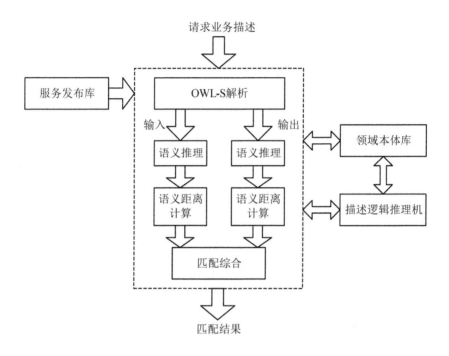

图 6-12 基于语义的地理信息服务功能性匹配

2. 本体语义推理流程

本体语义推理包括两个方面的内容：一个是考虑服务请求者的输入参数是否满足服务提供者的要求，另外一个就是考虑服务提供者的输出参数是否满足服务请求者的要求，如图 6-13 所示。

3. 语义距离的计算

语义距离排在语义推理环节以后，可以根据推理的结果更精确地度量概念之间的语义相似程度，同时大幅减少了语义距离的计算量。这是

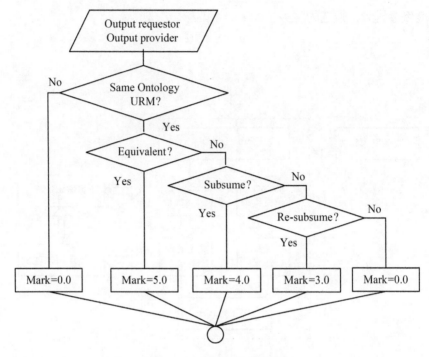

图 6-13　本体语义推理流程图

因为语义推理可以筛选掉输入输出参数之间的相等（Equivalent）和不匹配（Fail）两种关系，留下来的只剩下包含关系（Subsume）。对于相等和不匹配两种关系，我们可以认为语义相似度为最高与最低，从而跳过语义距离的计算。而对于剩下一部分具有包含关系的概念，可以截出层次结构树的一部分，即包含两个概念的子树进行语义距离的计算，从而提高了匹配的效率。

6.4.4　服务约束条件匹配

　　服务的约束条件主要包括服务请求者在向服务提供者请求服务的时候需要满足的前置条件以及执行以后得到的效果。目前基于功能属性的服务匹配的相关研究中，由于服务的约束条件没有统一化的描述标准，而大多侧重于基于服务输入、输出属性的匹配。本小节主要借鉴 B. Medjahed、A. M. Zaremsk、J. Yen 等人的思想，将服务的约束条件按照参数的数据类型区分为数值型约束条件与对象型约束条件两大类，其中针对数值型约束条件可以结合一阶谓词简单推理描述匹配；而对象型约束条件的满足较为复杂，对象的具体属性不同，推理计算的方法也有差别。

【例 6-1】

ServiceProvider：

　　　P：ticketPrice（? x）^largeORequal（? x，1000）^customer（? y）^normalMember（? y）

　　　P：ticketPrice（? p）^largeORequal（? p，1200）^customer（? c）^goldMember（? c）

例 6-1 以网上订票服务为例，分别描述了服务提供者和服务请求者要求的前置约束条件。其中，服务的提供者要求火车票总价要在 100 元以上才可以网上订票，并且要是网站的注册会员，而服务请求者是网站的 VIP 会员，并且此次订票的金额在 1500 元，因此它希望享受到前置条件分别是 500 元以上，身份要求是 VIP 会员的网上订票服务。

在上述的两个条件中，第一个有关最低起订金额的条件是数值型约束条件，而第二个有关会员身份要求的条件是对象型约束条件。

1. 数值型约束条件匹配

服务的数值型约束条件可以定义如下：

$$numberCondition = r(x，v)$$

其中，x 表示具体的参数变量，v 表示变量的值。而 r 表示此参数变量对于给定值的关系运算。对于数值型变量而言，基于的关系运算主要包括相等（Equal）、大于等于（MoreOrEqual）、小于等于（LessOrEqual），可以根据这三类基本的关系运算组合表示其他高级的关系运算，如在某一范围可以由大于等于下限并且小于等于上限表示。上述关系运算可以定义成一阶谓词如下：

Equal-Consistent：

Equal(Provider,? x),Equal(Requester,? y),Equal(? x,? y)

⇨Equal-Consistent

LessOrEqual-Consistent：

LessOrEqual（Provider,? x），LessOrEqual（Requester,? y），LessOrEqual(? y,? x)

⇨LessOrEqual-Consistent

其中，Provider 和 Requester 分别表示服务的提供者和请求者，x，y 是具体的约束数值。基于上述三个基本关系的一阶谓词进行数值型约束条件的推理过程本质上是服务提供者与服务请求者的数值型前置约束条件之间的交集运算，如果存在交集，则约束条件满足，反之亦然。算法如下：

Algorithm：numberConditionProver

Input：numberCondition-Requester,numberCondition-Provider

Output：Result-True or False

For each numberTerm in numberCondition-Provider do

If ∃ numberTerm in numberCondition-Requester

Where r is equal, x is semantic consistent and number Rule-Consistent

Then return True

Else return False

2. 简单对象型约束条件匹配

对象型约束条件匹配是一个较为复杂的研究问题，许多有关服务匹配的研究有意回避了这一问题，目前已有的研究大多采用 θ 包含方法，θ 包含是归纳逻辑程序设计领域中的一个简单推理规则，用来判断子句之间的包含关系，可以看做是包含关系的一种特殊情况。但 θ 包含还只能从语法层次上进行子句间关系的判断，并且是一个 NP 完全问题，启发方法较复杂，因此，后来有研究者结合领域本体概念间的语义关系，将 θ 包含问题转化为约束满足问题（Constraint Satisfaction Problem，CSP）解决，但这种方法也处于研究初级阶段，对于复杂度较高的对象型约束条件也难以有效处理。

考虑到本书的研究重点以及对象型约束条件在服务匹配过程中的重要性程度和出现频率，地理信息服务关注对象之间关系最多的是包含关系以及相等关系，其他关系较少出现。因此，本书仅考虑简单的对象型包含/相等关系的约束条件。对象之间的包含关系较为简单，可由邻域本体层次结构树直接获取，即对于服务提供者与服务请求者对象约束条件中的两个对象概念 C1 与 C2，仅判断 C1 = C2 与 C1 包含 C2，如果判断成立，则约束条件满足。

6.4.5　空间上下文匹配

地理信息服务匹配与发现过程经过了基本描述、功能、非功能约束条件匹配以后，备选服务群中剩下的都是与服务请求者比较接近的服务。空间上下文的匹配过程主要是通过与用户自身的各种实时上下文的比对，选出最适合需求的地理信息服务的过程。其过程如图 6-14 所示。

从技术的角度，首先可以根据领域知识构建包含高层空间上下文在内的贝叶斯网络，包括了空间上下文节点及它们之间的条件依赖关系。此时，利用空间上下文匹配地理信息服务的过程就变成了把高层的空间上下文作为证据节点的贝叶斯网络的推理过程。相应地，地理信息服务与空间上下文的匹配程度即是贝叶斯网络推理结果与各类上下文之间条件依赖关系的吻合程度。

详细的贝叶斯网络推理算法参见第 5 章。

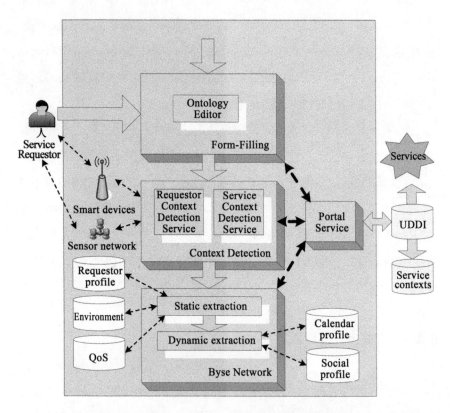

图 6-14　基于上下文感知的地理信息服务匹配框架

第7章 应 用 实 践

本书的第6章提出了基于上下文感知的地理信息服务匹配与发现的整体框架，将前述几章的内容有机地融合起来。本章设计实现了该框架的原型系统，是对其在技术实现层次上的进一步细化，该原型系统主要包含了空间上下文的获取、领域知识表达与描述、空间上下文的贝叶斯网络推理、上下文感知的地理信息服务构建以及多级地理信息服务匹配引擎五个核心模块。

仍然以概述中的场景为例，此次选取场景武昌火车站，王小苏同学在刚下火车以后需要获取可以提供乘车方案的地理信息服务，而网络上相关的服务有很多，本章以帮助用户匹配和发现到最为合适的地理信息服务为主线，详细阐述原型系统的各项功能模块。

7.1 原型系统开发环境

原型系统的硬件及操作系统开发环境为：P4 2.0 双核 CPU+2G 内存+ Windows XP 操作系统。实现地理信息服务匹配与发现相关开发工具主要包括：

（1）数据库软件 Oracle 10g，用于存储用户的上下文信息、地理信息服务注册信息以及系统的配置信息等；

（2）Protégé3.4.4，用来创建并管理领域本体库的本体开发软件，

Protégé 是由斯坦福大学提供的一组有关本体设计与知识表达的图形化开发环境，它由 Java 语言编写，支持 OWL 所有建模原语；

（3）OWL-S Editor 是由 Malta 大学在 Protégé 平台的基础上开发的一套组件，通常作为 Protégé 软件中的插件，主要基于语义 Web 技术提供对 Web 服务的语义描述；

（4）BNT（Bayes Net Toolbox，贝叶斯网络工具箱）是由 Kevin Murphy 开发的一套贝叶斯网络结构学习、参数学习、推理和构建贝叶斯分类器，它基于 Matlab 语言编写，提供了多种底层基础函数库，可作为 Matlab 的插件添加使用。原型系统中通过 BNT 工具箱构建部分联结树，并进行空间上下文的贝叶斯推理；

（5）Apache jUDDI3.01 基于 Java 语言编写，具有平台无关性，是支持 UDDI 规范的 Web 服务本地化注册工具；

（6）领域本体库、服务库通过 Apache+Tomcat 工具进行发布，而原型系统本身由 Eclipse 环境开发完成。

7.2　原型系统模块实现

原型系统的构建目标是按照工作流的顺序，将本书的研究内容技术性实现，包括空间上下文的本体语义表达、不确定性推理、地理信息服务的语义描述、敏感性构建等，检验第 6 章提出的基于上下文感知的地理信息服务匹配与发现框架，重点检验其效率和准确性等。原型系统主要包括空间上下文获取等五个重要模块，其主界面如图 7-1 所示。

7.2.1　空间上下文获取

本书对于用户空间上下文的获取与总结，以领域专家知识、实时传感器状态以及对用户行为监测相结合的方式获取，其中对用户行为监测

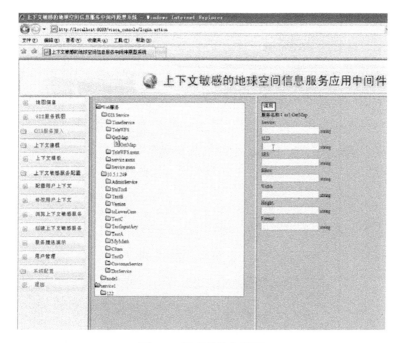

图 7-1 原型系统主界面

的手段主要通过其访问和浏览地理信息的各种习惯分析获得，主要来源
包括：

（1）用户输入搜索引擎的查询关键词。

用户输入的查询关键词显然能够反映用户的兴趣，因为用户最了解
自己的兴趣和意图。然而用户的查询关键词往往简明扼要，不足以描述
用户的兴趣。

（2）用户浏览的页面。

用户浏览的页面可以全面地反映用户的兴趣，而且用户浏览的页面
可以由系统自动保存，不需要用户提供任何帮助，可以实现自动用户建
模。其缺点是用户浏览的页面中可能包含有用户不感兴趣的页面，这主
要是由于超链接的标记文本并不一定能很好地描述链接页面(超链接指
向的目的页面)，也就是说，用户浏览的页面可能含有噪声数据，因而

在通过浏览页面构建用户模型时要注意避开噪声页面。

(3)用户维护的 Bookmark。

用户维护的 Bookmark 能够较好地反映用户的兴趣。因为一般来说，用户认为感兴趣或者重要的页面才会保存在 Bookmark 中，便于下一次访问。因而通过 Bookmark 构建的用户模型能够反映用户非常关注的兴趣。但是相对于用户浏览的页面而言，用户 Bookmark 中的页面数是相当少的，因而通过 Bookmark 构建的用户模型不能够全面地反映用户的兴趣。

(4)用户的浏览行为。

用户的浏览行为包括用户在每个页面上驻留的时间，对每个页面进行的操作(如保存、打印页面、将页面存入 Bookmark)，鼠标和键盘的操作以及用户浏览页面时眼睛的移动、表情的变化等。用户保存或打印某个页面，或者在某页面上驻留的时间较长，可以表明用户对该页面感兴趣。与用户浏览页面的获取一样，用户浏览行为的获取也可以自动进行，无需用户的辅助。

(5)用户下载、保存的页面和资料等。

用户下载、保存的页面和资料等也能较好地反映用户的兴趣。因为一般来说只有用户认为很感兴趣或很重要的文档，用户才会下载和保存，而且为了方便管理和访问，用户通常会对收集的感兴趣信息进行分类和整理，以便以后能快速访问。这些经用户保存、整理的文档往往能够反映用户长期关注的主题、从事的研究等用户特点，因而我们称这种信息为用户的背景知识。

(6)服务器日志。

服务器日志可分为代理服务器日志和网站服务器日志。用户对网站的访问会被服务器记录下来，包括用户的 IP、访问时间、用户所在的时区、访问的页面、页面的大小等信息。服务器日志既记录了用户浏览的页面，也记录了用户在访问过程中的行为，因而能够很好地反映用户的兴趣。代理服务器日志记录用户对所有网站的访问，网站服务器日志只记录用户对本网站的访问。代理服务器日志由于可以记录用户对所有网站的访问，因而通过代理服务器日志构建的用户模型能够全面地反映用户兴趣。

（7）用户手工输入或选择的其他信息，如用户的注册信息、用户自定义的感兴趣的词汇及用户对查询结果的反馈等。

用户注册信息是首次使用个性化系统时收集的。在注册过程中，系统一般要求用户提供姓名、电子邮箱地址、年龄、性别、邮编、职业、教育程度、所在地区、个人兴趣主题和关键词等。在很多个性化信息服务中，用户可以进行个性化内容定制，用户的定制数据在一定程度上反映了用户的个性化信息需求。在自动用户建模技术尚不成熟的情况下，用户手工输入或选择的信息是用户建模的重要信息来源。

可见，用户访问 Internet 过程中的大量信息都能够反映用户的兴趣，可以作为上下文建模的信息来源。在所有的信息来源中，用户浏览的页面和浏览行为最能全面地反映用户的兴趣；用户的 Bookmark 和保存整理的文档虽然不一定能全面反映用户的兴趣，但能够很好地反映用户很关注的信息；服务器日志也能够较好地体现用户的兴趣；用户主动提供的兴趣主题信息是建模的重要信息；用户输入搜索引擎的查询关键词不宜单独用于用户建模。

回到实例场景，该场景中的空间上下文（见图 7-2）主要包括：

（1）用户上下文：王小苏同学，性别女，大学本科一年级，新闻类专业出行目的，为高校巡礼等；

（2）设备上下文：PDA，3G 网络，GPS 模块等；

（3）位置上下文：武昌火车站，出口；

（4）时间上下文：第二天早上 8 点，夏天，周三；

（5）环境上下文：天气晴朗，人员密集，嘈杂等。

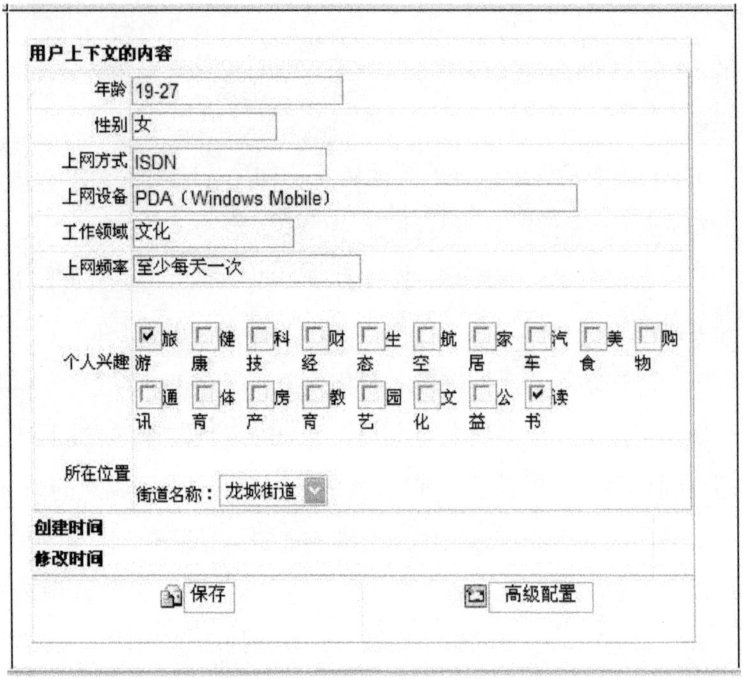

图 7-2　通过空间上下文模板的维护收集上下文

7.2.2　领域知识表达与描述

一般意义上讲，知识表达与描述是为了描述现实世界所作出的一组约定，是知识的符号化、形式化与模型化(徐宝祥等，2007)。本书中原型系统中的领域知识表达与描述模块主要使用本体与规则相结合的方法描述上下文感知的地理信息服务相关的领域知识。本体作为显式的概念化规范，具有共享性，常用于描述共同认可的结构化知识，规则侧重于陈述性的知识演绎，通过逻辑程序设计实现规则的知识系统(梅婧，2007)将两者相结合，可以弥补本体表达能力不足，提高运行效率。

以场景中用户所处的位置上下文、目的地上下文"武汉大学"为例，对它们进行本体建模，应该包含如表 7-1 所示的知识。

表 7-1   "武汉大学"知识建模

属性名称	语义名称	值
Name	名称	武汉大学
Address	地址	武昌区八一路
Created Time	建立时间	始建于 1893 年
Creator	创立人	张之洞
Motto	校训	自强、弘毅、求是、拓新
HistoricFigure	历史名人	辜鸿铭、竺可桢、李四光、闻一多、郁达夫、叶圣陶、李达等
Construction Area	建筑面积	252 万平方米
School Num	院系数	36
MajorNum	本科专业数	111
Achievements	突出成绩	①马协型、红莲型杂交稻、高频地波监测雷达、GPS 全球卫星定位与导航、高性能混合动力电池等应用型科技成果不仅具有重大的科学理论价值，还产生了巨大的社会经济效益；②大型汉语工具书《故训汇纂》、译著《康德三大批判新译》、学术专著《马克思劳动价值论的历史与现实》等成为新时期学校人文社会科学研究的标志性成果

领域知识表达与描述模块在整个框架中主要完成以下两个方面的功能：

（1）对于收集上来的空间上下文，对它们进行建模；

（2）对于备选的地理信息服务，利用 OWL-S 对它们进行本体语义描述。

基于 Protégé 与 OWL-S Editor 分别实现了领域本体的建立、空间上下文的本体建模与地理信息服务的语义描述，实例模型如图7-3～图7-5所示。

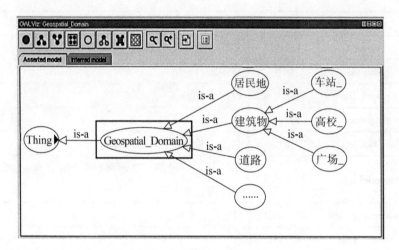

图7-3 领域本体建立实例

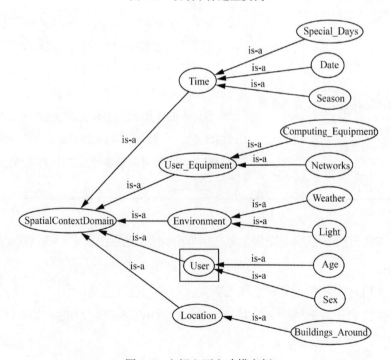

图7-4 空间上下文建模实例

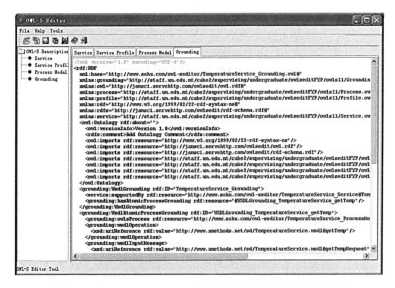

图 7-5　基于 OWL-S Editor 的地理信息服务语义描述实例

7.2.3　空间上下文的贝叶斯网络推理

贝叶斯网络是目前有效的智能化不确定性推理方法，它与其他推理算法相比，最大的特点是有机地结合了概率论和图论，并且可以在数据不完备的条件下灵活地利用训练数据进行结构和参数学习。利用贝叶斯网络进行任意推理是一个 NP 完全问题，近似推理算法的提出有效地提高了复杂贝叶斯网络推理的效率。

空间上下文有自身的特点，例如明显的层次性、鲁棒性等，在利用贝叶斯网络对其推理的时候，需要结合这些特点研究适用的网络结构以及推理算法。本章在概述了贝叶斯网络理论相关概论的基础上，提出了一种适合空间上下文推理的部分联结树近似推理算法 PJT。这一算法是通过对经典联结树算法的改进，使用与查询节点 Q 相关程度较大的节点构建联结树，代替了使用全部节点构建联结树，以此获得一个部分联结树，很大程度上提高了算法的效率。

本书基于 Matlab 与 BNT 开发工具箱实现了 PJT 贝叶斯网络近似算法，如图 7-6 和图 7-7 所示。

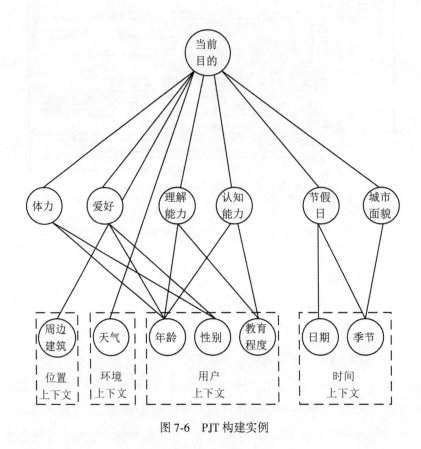

图 7-6 PJT 构建实例

7.2.4 上下文感知的地理信息服务构建

上下文敏感的地理信息服务指的是那些能够根据用户的地理位置、个人偏好、业务需求等空间上下文，为其主动、自动和智能地提供信息的服务。但已有的地理信息系统提供的服务由于实现技术的限制，往往

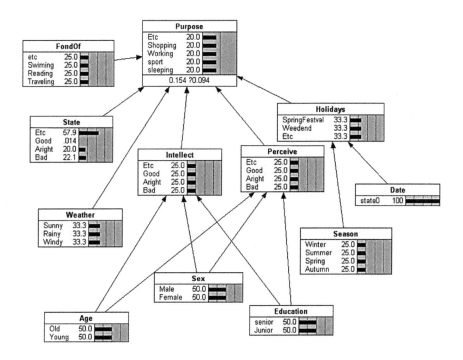

图 7-7　基于 BNT 图形化构建的 PJT 贝叶斯网络

不具备这些特性。实现传统的地理信息服务向上下文敏感的信息服务转变的一个直观思路是修改已有信息服务的实现方式，这需要专业的编程人员对原有信息服务的代码进行修改、编译、测试和重新部署，存在成本高和周期长的缺点。

　　本书从另一个角度出发，对上下文敏感服务的组成要素及形式化模型进行了研究，提出了一种无干扰的上下文敏感服务构建方法及其关键操作，在实现层给出了上下文敏感的地理信息服务的存储、组织管理以及使用模式。

　　首先，基于用户的空间上下文建立对于服务的约束规则，本书以场景中用户的年龄上下文为例，制定以下规则：当用户的年龄小于等于 25 岁时，地理信息服务返回的地图以简洁明了为主；当用户设备为

PDA 时，考虑到其运算能力和网络传输能力，地图的样式也同样要求简洁明了；考虑到当时的季节上下文因素，春夏季节应以冷色调为主，秋冬季节应以暖色调为主，如图 7-8～图 7-10 所示。

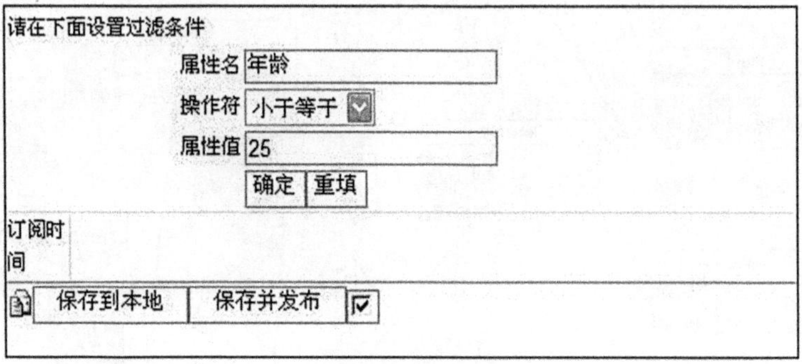

图 7-8　建立约束规则

图 7-9　约束规则反映到地理信息服务的上下文模板

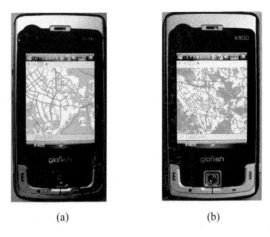

(a)   (b)

图 7-10　用户设备与季节敏感性应用示例

7.2.5　地理信息服务匹配引擎

原型系统中接入的地理信息服务如图 7-11 所示。

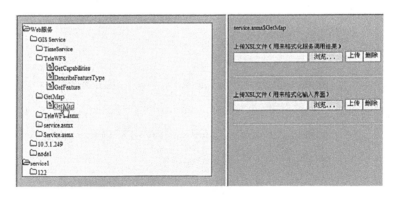

图 7-11　系统中接入的地理信息服务片段

服务描述的要素构成不同，服务匹配的方式也有所区别。本书限定的地理信息服务描述由以下几部分组成：服务功能（Capability）、输入输出（Input/Output）、前置约束/结果（Preconditons/Effect）和服务上下文（Service Context）。其中，服务功能（Capability）、输入输出（Input/Output）、前置约束/结果（Preconditons/Effect）是通过领域本体类进行描述，服务匹配过程需要利用5.3节中的语义相似性算法进行计算；服务上下文网络连接状态、地域位置、设备类型等，也同样基于本体类描述，通过与用户上下文之间的推理进行匹配。本书结合地理信息服务的特点，结合空间上下文感知的思想，提出一种多个层次的多级地理信息服务发现与匹配模型。该模型具备四层匹配结构，包括服务基本描述匹配、服务功能匹配、服务非功能性匹配、用户上下文推理匹配。其中，服务基本描述匹配、服务功能匹配、服务非功能性匹配这三个匹配环节本质上都是语法/语义相似性的匹配，其过程都可以用下述伪码表示：

```
Set IOMatch( reS, adS, a, b, MiniDegree)
{
    Set serviceset = new HashSet( );
Iterator itt = ads. iterator( );
While( itt. hasNext)
{
    Inputsimilarity = Inputsimilarity ( reS, itt. next ( ) );
    Outputsimilarity = Outputsimilarity ( reS, itt. next ( ) );
    IOsimilarity = ( a * Inputsimilarity + b * Outputsimilarity) ;
    If( IOsimilarity > = MiniDegree)
    {
        Serviceset. add( itt. next( ) );
    }
}
}
```

7.3　地理信息服务匹配与发现测试

7.3.1　测试服务集

在服务发现与匹配研究之初，许多研究结论都是基于研究者自己设计的备选服务集，缺乏统一的测试标准和说服力。目前较为公认的测试服务集是由德国人工智能研究中心发布的基于 OWL-S 的服务语义匹配与发现测试集 OWL-TC（OWL-S Service Retrieval Test Collection），最新的版本是 Version 3.0。OWLS-TC 所涉及的范围包括了教育、医疗、食品、旅游、通信等 7 个应用领域。每个领域提供的备选服务集合情况如表 7-2 所示：.

表 7-2　　　　　　OWLS-TC 测试服务集（Version 3.0）

Domain	#services	#queries
Education	286	6
care	73	1
food	34	1
travel	197	6
communication	59	2
economy	395	12
weapon	40	1

鉴于旅游与地理信息服务的相近性，本书摘取了其中 100 个相近的服务进行测试。测试的主要目标主要有两部分：

（1）对于本书提出的地理信息语义距离匹配的精确度和效率进行对比性测试；

（2）对于通过了基本描述、功能性匹配以及非功能性约束匹配的地理信息服务，进行上下文敏感性的构建，并且对系统给出的最终匹配程度的准确性进行验证。

7.3.2　测试指标

查全率：衡量某一匹配检索系统从特定备选集合中检出相关子集成功度的一项指标。它的数值等于 w/x，其中 w 为用户鉴别检出 m 个备选元素时，认为实际对口径的元素数；x 为特定检索系统中所包括的全部 n 备选元素中实际与某一领域相关的集合数。

表 7-3　　　　　　　　　　　　测试指标计算

	相关的	不相关的	总　计
检出的	a 命中的	b 漏检的	$a+b$
未检出的	c 漏检的	d 应拒的	$c+d$
总计	$a+c$	$b+d$	$a+b+c+d$

如表 7-3 所示，上述 m 个备选元素应为 $a+b$，w 个备选元素应为 a，x 个备选元素应为 $a+c$。查全率可表述为 $a/(a+c)$。

查准率：衡量某一类匹配检索系统的信号噪声比的一种指标。它的数值等于 w/m，其中 w 是用户鉴别检出 m 备选元素时，认为实际对口径的备选元素篇数。

同样，如表 7-3 所示：上述的 w 个备选元素为 a，m 个备选元素为 $a+b$，这样查准率为 $a/(a+b)$。

7.3.3 对比测试结果

如表 7-4 所示，对于武昌火车站的场景，表中前两个服务具有更好的语义相似性，但就用户实时的空间上下文而言，服务 Bus_Searching_Service 更为适合，因此它的总匹配度最高。

表 7-4　　　　　　　　　测试服务匹配度

地理信息服务	预匹配度	上下文匹配度	总匹配度
Surfing_Destination_Service	0.95	0.60	0.80
Destination_Service	0.95	0.60	0.80
WayFinding_Service	0.93	0.68	0.78
Destination_Finding_Service	0.91	0.65	0.75
Bus_Searching_Service	0.88	0.96	0.93
Traval_Service	0.87	0.56	0.70
Root_Planing_Service	0.83	0.78	0.74
Traffic_Searching_Service	0.78	0.45	0.63

为了检验本书匹配引擎对于地理信息服务的查全率和查准率，参照两个已有的服务匹配引擎进行对比测试：遵循 UDDI 规范实现的 JAXR Registry 和基于语义的 Augment Registry。三个匹配引擎均基于同样的编程环境实现，并且运行在相同的硬件环境下，并且由随机调用的 20 个相同的服务请求下测试服务匹配结果。分别计算查全率和查准率的结果如表 7-5 和图 7-9 所示。

表7-5 三个不同引擎查全率与查准率比较

服务匹配引擎	技术理论基础	查全率(%)	查准率(%)
JAXR Registry	UDDI，语法层次	58.6	48.2
Augment Registry	OWL，语义	67.4	81.5
多级匹配引擎	语义，上下文感知	78.4	92.4

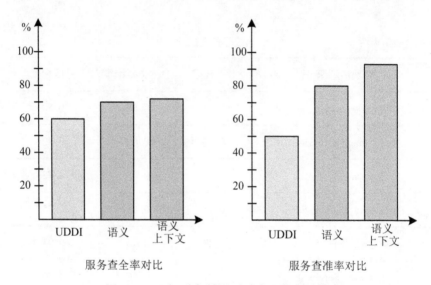

图7-12 三个不同引擎查全率与查准率比较

7.4 实验结论

在服务匹配与发现框架的性能评价方面，目前并没有通行的衡量标准。查全率和查准率最初是统计学中的两个概念，一般而言，对于服务的匹配算法，查全率和查准率越高，则该算法的性能越好。

本书在分析了空间上下文感知计算以及地理信息服务的特点的基础上，总结了适合于空间上下文以及地理信息服务的服务匹配与发现算法，该算法基于地理信息本体结构改进了地理信息语义相似度的计算，保证了在服务匹配过程中的查全率；同时又考虑了用户实时的空间上下文，使得最终选择的地理信息服务更符合用户需求，也有效地提高了查准率。原型系统的最终测试结果也有力地证实了这些算法的效率和精确度。

参 考 文 献

[1]A K Dey, Daniel Salber. A conceptual framework and a toolkit for supporting the rapid prototyping of context-aware applications [J]. Human-Computer Interaction, 2001, 16(2-4): 97-166.

[2]Abdulbaset Gaddah, Thomas Kunz. A Survey of Middleware Paradigms for Mobile Computing[J]. Carleton University Systems & Computing Engineering, 2003, 16: 102-108.

[3]V Akman, M Surav. The use of situation theory in context modeling[J]. Computational Intelligence, 1997, 13(3): 427-438.

[4] Albrecht Schmidt, Kofi Asante Aidoo, Antti Takaluoma, et al. Advanced interaction in context [C]. In Proceedings of the 1st international symposium on Handheld and Ubiquitous Computing, 1999, 1707(5): 89-101.

[5]Amir Padovitz, Arkady Zaslavsky, Seng Wai Loke, et al. Maintaining continuous dependability in sensor-based context-aware pervasive computing systems [C]. Hawaii International Conference on System Sciences, 2005, 09: 290a-290a.

[6]Anind K Dey and Gregory D. Abowd. CybreMinder: A context-aware system for supporting reminders [C]. In Proceedings of Second International Symposium on Handheld and Ubiquitous Computing, 2000, 1927: 172-186.

［7］Anind K Dey and Gregory D. Abowd. Towards a Better Understanding of context and context-awareness［C］. Huc '99 Proceedings of International Symposium on Handheld & Ubiquitous Computing, 1999, 1707: 304-307.

［8］Anind K. Dey, Daniel Salber, Masayasu Futakawa, and Gregory D. Abowd. An architecture to support context-aware applications［J］. Georgia Institute of Technology, 1999, 17: 34-45.

［9］Anind K. Dey, Masayasu Futakawa, Daniel Salber, and Gregory D. Abowd. The Conference Assistant: Combining Context-Awareness with Wearable Computing［C］. International Symposium on Wearable Computers, 1999, 1: 21-28.

［10］Anind K. Dey. Enabling the use of context in interactive applications ［J］. Computer-Human Interaction de Hague, NL, 2000: 79-80.

［11］Ankolenkar, A, et al. DAML services［EB/OL］. 2002. http: //www. daml. org/services/.

［12］Artus, D. J. SOA realization: Service design principles. IBM Developer Works［EB/OL］. 2006. http: //www-128. ibm. com/developerworks/webservices/library/ws-soa-design/

［13］B Bellwood, L Clement, D Ehnebuske, et al. Universal Description Discovery &Integration（UDDI v3）［EB/OL］. 2005. http: //www. uddi. org/specification. html.

［14］Bauer, E, D Koller, Y Singer. Update Rules for Parameter Estimation in Bayesian Networks［J］. Eprint Arxiv, 2013: 3-13.

［15］Benatallah B, Dumas M. The self-Serv environment for Web Services composition［J］. IEEE Internet Computing, 2003, 7(1): 40-48.

［16］Bill Schilit, Norman Adams, Roy Want. Context-aware computing applications［C］. IEEE Workshop on Mobile Computing Systems and Applications, 1994, 16(2): 85-90.

[17] Bouckaert R R. Belief Networks Construction Using the Minimum Description Length Principle[J]. Lecture Notes in Computer Science, 1993, 747﹕41-48.

[18] Brown P J, Bovey J D, and Chen X. Context-aware applications﹕from the laboratory to the marketplace [J]. IEEE Personal Communications, 1997(4)﹕58-64.

[19] Cao Liangyue, Hong Yiguang, Fang Haiping, et al. Predicting chaotic time series with wavelet networks[J]. Physica D, 1995, 85(1-2)﹕225-238.

[20] L Capra, W Emmerich, C Mascolo. Reflective middleware solutions for context-aware applications[J]. Springer Berlin Heidelberg, 2001, 2192 (2001)﹕126-133.

[21] Cardoso J, Sheth A. Introduction to semantic web services and web process composition [J]. Lecture Notes in Computer Science, 2004, 3387﹕1-13

[22] CHEN, G, AND KOTZ D. A survey of context-aware mobile computing research[J]. Dartmouth College, 2000﹕125-126.

[23] Chickering D M. Learning Equivalence Classes of Bayesian Network Structures[J]. Journal of Machine Learning Research, 2002 (2)﹕445-498.

[24] Chris Preist, A Conceptual Architecture for Semantic Web Services[C]. In Proceedings of the Third International Semantic Web Conference 2004(ISWC2004), 2004﹕7-11.

[25] Cooper G, Herskovits E. A Bayesian Method for the Induction of Bayesian Networks from Data [J]. Machine Learning, 1992 (9)﹕309-347.

[26] Cooper G F. A Bayesian Method for Causal Modeling and Discovery Under Selection[C]. Sixteenth Conference on Uncertainty in Artificial

Intelligence, 2000: 204-210.

[27] Cruse D A. Lexical Semantics [M]. Cambridge Textbooks in Linguistics, Cambridge University Press. 1986.

[28] D Kolas, J Hebeler, M Dean. Geospatial semantic web: Architecture of ontologies [J]. Lecture Notes in Computer Science, 2005, 3799(4): 183-194.

[29] D Saha, A Mukherjee. Pervasive computing: A paradigm for the 21st century [J]. Computer, 2003, 36(3): 25-31.

[30] Dey A K, Salber D, Abowd G D. A conceptual framework and a toolkit for supporting the rapid prototyping of context-aware applications [J]. Human2Computer Interaction, 2001, 16 (2-4): 97-166.

[31] DEY A K. Understanding and using context [J]. Personal and Ubiquitous Computing, 2001, 5(1): 4-7.

[32] Di, L. Distributed geospatial information services-architectures, standards, and research issues [C]. Isprs Congress. International Archives of Photogrammetry Remote Sensing & Spatial Information Sciences. isprs, 2004, xxxv: 202-220.

[33] Di L. A framework for developing web-service-based intelligent geospatial knowledge systems [J]. Journal of Geographic Information Sciences, 2005, 11 (1), 24-28.

[34] Dipanjan Chakraborty, Filip Perich, Anupam Joshi, Timothy W. Finin, Yelena Yesha. A Reactive service Composition Architectrue for Pervasive Computing Enviroments [J]. Springer US, 2003, 106: 53-60.

[35] Dumitru Roman, Uwe Keller, Holger Lausen, Jos de Bruijn, Rubén Lara, Michael Stollberg, Axel Polleres, Cristina Feier, Christoph Bussler, and Dieter Fensel. Web Service Modeling Ontology [J]. Applied Ontology, 2005, 1(1): 77-106.

[36] Erradi A, Anand S, Kulkarni N. SOAF: An architectural framework for service definition and realization [C]. In: Proceedings of the IEEE International Conference on Services Computing, 2006: 151-158.

[37] F Zhu, M Mutka, L Ni. Service Discovery in Pervasive Computing Environments[C], IEEE Pervasive Computing, 2005, 4(4): 81-90.

[38] F B Kashani, C C Chen, C Shahabi. WSPDS: Web Services Peer-to-peer Discovery Service [J]. International Symposium on International Conference on Internet Computing, IC, 2004: 733-743.

[39] Fabien L. Gandon and Norman M. Sadeh. Semantic web technologies to reconcile privacy and context awareness [J]. Journal of Web Semantics, 2004, 1(3): 241-260.

[40] Fabio Casati, Ski Lnicki, LiJie Jin, Ming-Chien Shan. An Open, Flexible and Configurable System for Service Composition [C]. International Workshop on Advanced Issues of E-commerce & Web-based Information Systems, 2000: 125-132.

[41] Foody D. Getting web service granularity right [EB/OL]. 2005. http://www. soa-zone. com/index. php? /archives/11-Getting-web-servicegranularity-right. html.

[42] Friedman N. The Bayesian Structural EM Algorithm [C]. Fourteenth Conference on Uncertainty in Artificial Intelligence, 2013, 58(6): 129-138.

[43] G E Krasner, S T Pope. A description of the model-view-controller user interface paradigm in the smalltalk-80 system [J]. Journal of Object Oriented Programming, 1988, 1(3): 41.

[44] Giles John Nelson. Context-aware and location systems [D]. Clare College, University of Cambridge, 1998.

[45] GrunfeldK. Integrating spatio-temporal information in environmental monitoring data-a visualization approach applied to moss data [J].

Science of the Total Environment, 2005: 347-356.

[46] Guanling Chen, David Kotzl. A survey of context-aware mobile computing research [R]. Dartmouth College, 1970: 125-126.

[47] Hanson, J. Coarse-grained interfaces enable service composition in soa[EB/OL]. 2003. http: //articles. techrepublic. com. com/5100-22-5064520. html

[48] Heckerman D, Meek C, Cooper G. A Bayesian Approach to Causal Discovery[J]. Studies in Fuzziness & Soft Computing, 2006, 19: 1-28.

[49] Heckerman D. Bayesian net works for data mining [J]. Data Mining and Knowledge Discovery, 1997, 1 (1): 79-119.

[50] Hendler J. Ontologies on the Semantic Web [J]. IEEE Intelligent Systems, 2002, 17 (2): 73-74.

[51] Henricksen K, Indulska J, Rakotonirainy. Infrastructure for Pervasive computing: Challenges [J]. Informatics, 2002, 157(1): 214-222.

[52] K Henricksen, J Indulska, A Rakotonirainy. Modeling context information in pervasive computing systems [J]. Springer Berlin Heidelberg, 2002, 2414: 167-180

[53] Herzum P, Sims O. Business Components Factory: A Comprehensive Overview of Component-Based Development for the Enterprise [J]. Journal of Information Technology Case & Application Research, 1999, 3(2): 66-67.

[54] ISO, TC211. Geographic Information-Service [P]. ISO/DIS19119, 2002.

[55] J Jiang and D W Conrath. Semantic similarity based on corpus statistics and lexical taxonomy[C]. In proceeding of International Conference on Research in Computational Linguistics, 2002: 106-113.

[56] Jachim Peer, Maja Vukovic. A proposal for a semantic web service description format [J]. Lecture Notes in Computer Science, 2004,

3250: 285-289.

[57] Jason I Hong. The context fabric: An infrastructure for context-aware computing. In Conference on Human Factors in Computing Systems[J]. Chi 02 Extended Abstracts on Human Factors in Computing Systems, 2002: 554-555.

[58] Joao Pedro Sousa and David Garlan. Aura: An architectural framework for user mobility in ubiquitous computing environments [C]. In Proceedings of the 3rd Working IEEE/IFIP Conference on Software Architecture, 2002, 97: 29-43.

[59] Joshua Lieberman, Syncline Inc. OpenGIS Discussion Papers: OpenGIS Web Services Architecture[R]. Open GIS Consortium. 2003.

[60] Judea Pearl. Probabilistic Reasoning in Intelligent Systems: network of plausible inference [M]. Morgan Kaufmann, Publishers, Inc., San Mateo, CA 1988.

[61] Kaori Fujinami, Tetsuo Yamabe, Tatsuo Nakajima. "Take me with you!": a case study of context-aware application integrating cyber and physical spaces[J]. Acm Symposium on Applied Computing, 2004, 85 (12): 1607-1614.

[62] Kennel M B, Brown R, Abarbanel H D I. Determining embedding dimension for phase-space reconstruction using geometrical construction [J]. Phy Rev A, 1992, 45(6): 3403-3411.

[63] Khedr, M. Enhancing service discovery with Context Information [J]. ITS', 2002: 34-38.

[64] Klien E, Lutz M, Kuhn W. Ontology-based discovery of geographic information services—an application in disaster management [J]. Computers Environment & Urban Systems, 2006, 30(1): 102-123.

[65] Kouadri Mostefaoui S, Tafat-Bouzid A, Hirsbrunner B. Using Context Information for Service Discovery and Composition[C]. Iiwas-the Fifth

International Conference on Information Integrationand Web-based Applications Services, 2003: 129-138.

[66] Kuhn W. Modeling the Semantics of Geographic Categories through Conceptual Integration [C]. Proc. Second International Conference on Geographic Information Science 2002, 108-118.

[67] Kuhn W, Raubal, M. Implementing Semantic Reference Systems [C]. Proc. 6th AGILE Conference on Geographic Information Science, 2003: 63-72.

[68] Kuo-Ming, Chao, M Younas. Fuzzy Matchmaking for Web Services [C]. In 19th International Conference on Advanced Information Networking and Applications, 2005, 2: 721-726.

[69] Lam W, Bacchus F. Learning Bayesian Belief Networks: An Approach Based on the MDL Principle [J]. Computational Intelligence, 1994 (10): 269-293.

[70] Lei Li, Ian Horrocks. A software framework for matchmaking based on semantic web technology [J]. In Proceedings of the Twelfth International World Wide Web Conference, 2003: 331-339.

[71] Lemenand T, Peerhossaini H. A thermal model for prediction of the Nusselt number in a pipe with chaotic flow [J]. Applied Thermal Engineering, 2002, 22(15): 1717-1730.

[72] Licia CaPra, Wolfgang Emmerieh, Cecilia Maseolo. Middleware for Mobile Computing [R]. University college London, Research Note RN/ 30/01, 2001.

[73] Lutz M, Klien, E. Ontology-based retrieval of geographic information. International Journal of Geographical Information Science, 2006, 20 (3): 233-260.

[74] Lynne Rosenthal, Vincent Stanford. Nist smart space: Pervasive computing initiative [C]. In Proceedings of IEEE 9th International

Workshops on Enabling Technologies: Infrastructure for Collaborative Enterprises, 2000: 6-11.

[75] M Weiser. The Computer for the Twenty-first Century [J]. Scientific American, 1991, 265(3): 43-50.

[76] M Paolucci, T Kawamura, T R Payne, K Sycara. Semantic matiching of Web Services capabilities [C]. In Proceeding of the ISWC, 2002, 34-43.

[77] Maguire L P, Roche B, McGinnity T M , et al. Predicting a chaotic time series using a fuzzy neural network [J]. Information Sciences, 1998, 112(1-4): 125-136.

[78] Mandell D, S McIlraith. Adapting BPEL4WS for the Semantic Web: The Bottom-Up Approach to Web Service Interoperation, In: Proc. of the 2nd International Semantic Web Conference, 2003: 23-30.

[79] Massimo Paolucci, Takahiro Kawamura, Terry R. Payne, Katia Sycara. Semantic matching of web services capabilities [C]. In the Proceedings of the IEEE 1st International Semantic Web Conference (ISWC), 2002: 333-348.

[80] Massimo Paolucci, Takahiro Kawamura, Terry R. Payne, Katia Sycara. Semantic Matching of Web Services Capabilities [J]. Lecture Notes in Computer Science, 2002, 2342: 333-347.

[81] Matthias Baldauf, Schahram Dustdar, Florian Rosenberg. A survey on context-aware systems [J]. International Journal of Ad Hoc and Ubiquitous Computing, 2007: 263-277.

[82] Mccarthy, J. Notes on formalizing contexts [C]. In Proceedings of the Thirteenth International Joint Conference on Artificial Intelligence, California, 1993: 555-560.

[83] Michael C Jager, Stefan Tang. Ranked matching for service descriptions using DAML-S[J]. Riga Technical University, 2004: 217-228.

[84] Mizoguchi R, J Vanwelkenhuysen, M Ikeda. Task ontology for reuse of problem solving knowledge[C]. Proc. 2nd international conference on building and sharing of very large-scale knowledge bases, 1995: 103-110.

[85] Narayanan S, S McIlraith, Simulation. Verification and Automated Composition of Web Services [J]. Proc. of the 11th WWW Conference, 2002: 77-88.

[86] OGC. Abstract Specifications: Version [5.0] [EB/OL]. 2007. http: //www. opengeospatial. orl/standards/as

[87] OliverGnther. From GISystems to GIServices: Spatial Computing on the Internet Marketplace[C]. Proceedings of the International Conference on Interoperating Geographic Information Systems Santa Barbara, CA, 1999, 42(3): 445-448.

[88] P. Resnik. Using information content to evaluate semantic similarity in a taxonomy[C]. In IJCAI, 1995: 448-453.

[89] Packard N H, Crutchifield J P, Farmer J D, et al. Geometry From a Time Series[J]. Phys. Rev. Lett., 1980, 45(6): 712-716.

[90] Panu Korpipaa, Jonna Hakkila, Juha Kela, et al. Utilising context ontology in mobile device application personalisation[C]. In Proceeding of MUM, 2004: 133-140.

[91] Papazoglou M. P. Service-Oriented Computing: Concepts, Characteristics and Directions[C]. Keynote for the 4th International Conference on Web Information Systems Engineering (WISE 2003), 2003: 76-81.

[92] Papazoglou M P, D Georgakopoulos. Service-Oriented Computing[C]. Communications of ACM, 2003, 46(10): 25-28.

[93] Paul Castro, Richard Muntz. Managing context data for smart spaces. IEEE Personal Communications, 2000, 7(5): 44-46.

[94] R Want, A Hopper, V Falcao, J Gibbons. The active badge location

system[J]. ACM Transactions on Information Systems, 1999, 10(1): 91-102.

[95] Rosenstein M T, Collins J J, Luca C. Reconstruction expansion as a geometry-based framework for choosing proper delay time [J]. Physica D, 1994, 73(1): 82-98.

[96] RoyWant, Bill N. Schilit, Norman I. Adams, et al. An overview of the parctab ubiquitous computing experiment [C]. IEEE Personal Communications, 1995, 2(6): 28-43.

[97] Rubén Lara, Dumitru Roman, Axel Polleres, Dieter Fensel. A Conceptual Comparison of WSMO and OWL-S [C]. European Conference on Web Services (ECOWS 2004), Erfurt, Germany, 2004: 254-269.

[98] S K Mostefaoui, A Tafat-Bouzid, B Hirsbrunner. Using Context Information for Service Discovery and Composition[C]. Proceedings of the Fifth International Conference on Information Integration and Web-based Applications and Services, iiWAS'03, 2003: 129-138.

[99] Samulowitz M, Michahelles F, Linnhoff-popien, C Capeus: architecture for context-aware selection and execution of services [C]. In New developments in distributed applications and interoperable systems, 2001: 23-39.

[100] Schilit B N, Adams N L, Want R. Context-aware computing applications [C]. In IEEE Workshop on Mobile Computing Systems and Applications, 1994, 16(2): 85-90.

[101] Schmidt A. Implicit human computer interaction through context[J]. Personal Technologies, 2000, 4 (6): 191-199.

[102] Schmidt A, Laerhoven K V. How to Build Smart Appliances[J]. Personal Communications IEEE, 2001, 8(4): 66-71.

[103] Schmidt A, Beigl M, And Gellersen H-W. There is more to context

than location[J]. Computers and Graphics, 1999: 893-901.

[104] Sell D, F Hakimpour, J Domingue, E Motta and R Pacheco. Interactive Composition of WSMO-based Semantic Web Services in IRS-III[C]. Proc. of the AKT workshop on Semantic Web Services, 2004: 223-240.

[105] Shih-Chun Chou, Wen-Tai Hsieh, Fabien L. Gandon, et al. Semantic web technologies for context-aware museum tour guide applications[C]. In Proceedings of the 19th International Conference on Advanced Information Networking and Applications, 2005: 709-714.

[106] Singh M, Valtorta M. Construction of Bayesian Network Structures from Data : A Brief Survey and an Efficient Algorithm[J]. International Journal of Approximate Reasoning, 1995 (12) : 111-131.

[107] Soraya Kouadri Mostefaoui, Beat Hirsbrunner, Context Aware Service Provisioning [C]. In Proceedings of the IEEE/ACS International Conference on Pervasive Services, 2004: 71-80.

[108] Stephen J H Yang, Blue C W Lan, Jen-Yao Chung. A New Approach for Context Aware SOA [C]. In Proceedings of 2005 IEEE International Conference on e-Technology, e-Commerce and e-Service, 2005: 438-443.

[109] Stephen S Yau, Fariaz Karim, et al. Reconfigurable Context-Sensitive Middleware for Pervasive Computing[J]. IEEE Pervasive Computing, 2002: 33-40.

[110] T Kawamura, J De Blasio, T Hasegawa, et al. Preliminary Report of Public Experiment of Semantic Service Matchmaker with UDDI Business Registry[R]. 2003: 208-224.

[111] T Gu, H K Pung, D Q Zhang. A bayesian approach for dealing with uncertain contexts [C]. In Second International Conference on

Pervasive Computing, 2004: 101-112.

[112] T Gu, X H Wang, H K Pung and D Q Zhang. An ontology-based context model in intelligent environments [C]. In Communication Networks and Distributed Systems Modeling and Simulation Conference, 2004: 203-210.

[113] T Berners-Lee. Semantic web Architecture [EB/OL]. 2000. http: // www. w3. org/2000/talks/1206-xm12ktbl/slide 10-0. html.

[114] T Berners-Lee. Semantic web road map [EB/OL]. 2000. http: // www. w3c. org/DesignIssues/Semantic. html

[115] Tao Gu, Hung Keng Pung and Da Qing Zhang. A middleware for building context-aware mobile services [C]. In Proceedings of IEEE 59th Vehicular Technology Conference, 2004: 2656-2660.

[116] Thakkar S. Dynamically composing Web services from on-line source [C]. In Proceedings of AAAI Workshop on Intelligent Service Integration, 2002: 201-211.

[117] Traverso P and M Pistore. Automated Composition of Semantic Web Services into Executable Processes [C]. In Proceedings. of the 3rd International Semantic Web Conference, Hiroshima, 2004: 380-394.

[118] Vanderhaegena M, E Muro. Contribution of a European spatial data infrastructure to the effectiveness of EIA and SEA studies [J]. Environmental Impact Assessment Review. 2005, (25): 23-34.

[119] W3C, OWL Web Ontology Language Guide [EB/OL]. 2004. http: //www. w3. org/TR/2004/REC-owl-guide-20040210/.

[120] W3C, OWL Web Ontology Language Overview, EB/OL]. 2004. http: //www. w3. org/TR/2004/REC-owl-features-20040210/.

[121] Wang Z, Xu X, Zhan D. Normal forms and normalized design method for business service [C]. In Proceedings of the IEEE International Conference one-Business Engineering, 2005: 79-86.

［122］Weiser M. The computer for the twenty-first century［J］. Scientific American, 1991, 265（3）: 94-104.

［123］Werner Vogels. Web Services are not distributed objects［J］. IEEE Internet Computing, 2003: 59-65.

［124］Wolf A, Swift J B, Swinney H L, et al. Determining Lyapunov exponents from a time series［J］. Physica D, 1985, 16(2): 285-317.

［125］Zipf A. User-adaptive maps for location-based services（LBS）for tourism［C］. In Proceedings of the 9th international conference for information and communication technologies in tourism, 2002: 233-240.

［126］白东伟. 基于语义的 Web 服务匹配与发现技术研究［D］. 北京: 北京邮电大学, 2007.

［127］边馥苓, 石旭. 普适计算与普适 GIS［J］. 武汉大学学报(信息科学版), 2006, 31（8）: 709-712.

［128］陈常松, 等. GIS 语义共享的实质及其实现途径［J］. 测绘科学, 2000, 25(1): 29-33

［129］陈述彭, 等. 地理信息系统导论［M］. 北京: 科学出版社, 1999.

［130］陈毓芬. 电子地图的空间认知研究［J］. 地理科学进展, 2001: 63-68.

［131］陈毓芬. 电子地图的色彩配合实验［J］. 测绘学院学报, 2002, 17（1）: 53-56.

［132］杜清运. 空间信息的微观语言学概念模型［J］. 地理信息世界, 2004, 2(6): 5-8.

［133］杜清运. 空间信息的语言学概念模型［J］. 地理信息世界, 2004, 2（3）: 1-4.

［134］杜清运. 空间信息的语言学特征及其自动理解机制［D］. 武汉: 武汉大学, 2001.

［135］高名凯. 语言论［M］. 北京: 商务印书馆, 1995.

[136]蒋玲. 基于语义 Web 的空间信息服务自动组合关键技术研究[D]. 武汉：武汉大学，2008.

[137]李芳. 基于上下文感知的原子服务的自适应 LBS 研究[D]. 武汉：武汉大学，2008.

[138]李宏伟. 基于 Ontology 的地理信息服务研究[D]. 郑州：解放军信息工程大学，2007.

[139]李景山. 普及计算环境中动态服务组合关键技术的研究[D]. 北京：中科院计算技术研究所博士学位论文，2004.

[140]李蕊，李仁发. 一种面向上下文感知计算的建模方法[J]. 计算技术与自动化，2006(4)：38-41.

[141]李蕊. 上下文感知计算若干关键技术研究[D]. 长沙：湖南大学，2007.

[142]凌云，陈毓芬，王英杰. 基于用户认知特征的地图可视化系统自适应用户界面研究[J]. 测绘学报，2005，34(3)：278-282

[143]凌云，陈毓芬，王英杰. 自适应地图可视化系统设计研究[J]. 测绘学院学报，2005，22(11)：69-75

[144]凌云. 地图可视化系统自适应用户界面研究[D]. 郑州：解放军信息工程大学，2005.

[145]刘必欣. 动态 Web 服务组合关键技术研究[D]. 长沙：国防科技大学，2005.

[146]刘岳峰. 地理信息服务概述[J]. 地理信息世界，2004，2(6)：26-29.

[147]鲁学军，等. 空间认知模式及其应用[J]. 遥感学报，2005，9(3)：277-285.

[148]吕庆聪，曹奇英. 一种普适计算环境下基于语义的服务匹配算法[J]. 计算机应用 2008，28(6)：1578-1581.

[149]绕文碧，张丽，易健康，甘泉. 面向普适计算的界面自适应的研究[J]. 计算机工程与设计，2006，27(16)：3007-3009.

[150]石旭. 面向普适计算环境的普适 GIS 技术研究[D]. 武汉：武汉大学，2008.

[151]史云飞，李霖，张玲玲. 普适地理信息框架及其核心内容研究[J]. 武汉大学学报(信息科学版)，2009，34(2)：150-153.

[152]陶闯，王全科，等. 基于地学信息服务的 Internet 3 维 GIS：GeoEye3D[J]. 测绘学报，2002，31(1)：17-2l.

[153]王刚. 基于多 Agent 的语义地理信息服务自动组合研究[D]. 武汉：武汉大学，2008.

[154]王洪，艾廷华，祝国瑞. 电子地图可视化中的自适应策略[J]. 武汉大学学报(信息科学版)，2004，29(6)：525-528.

[155]王家耀，孙群，等. 地图学原理与方法[M]. 北京：科学出版社，2006.

[156]王家耀. 空间信息系统原理[M]. 北京：科学出版社，2001.

[157]王英杰，余卓渊，苏莹，等. 自适应空间信息可视化研究的主要框架和进展[J]. 测绘科学，2005，30(4)：92-96.

[158]谢文寒，孟令奎，陈现春，等. GIS 符号库自适应扩展技术研究[J]. 四川测绘，2000，23(4)：153-156.

[159]徐光祐，史元春，谢伟凯. 普适计算[J]. 计算机学报，2003，26(9)：1042-1050.

[160]阎超德，赵仁亮，陈军. 移动地图的自适应模型研究[J]. 地理与地理信息科学，2006，22(2)：42-45.

[161]张霞. 地理信息服务组合与空间分析服务研究[D]. 武汉：武汉大学，2004.

[162]张向刚. 察觉上下文应用的开放式支撑环境的研究[D]. 成都：电子科技大学，2004.

[163]祝国瑞，郭礼珍，等. 地图设计与编绘[M]. 武汉：武汉大学出版社，2001.

[164]祝国瑞. 地图学[M]. 武汉：武汉大学出版社，2004.